看不见的室内空气污染

中国工程院院士 侯立安 主 编

张 林 张寅平 副主编

中国建材工业出版社

图书在版编目（CIP）数据

看不见的室内空气污染 / 侯立安主编. -- 北京：中国建材工业出版社，2019.9

ISBN 978-7-5160-2550-5

Ⅰ. ①看… Ⅱ. ①侯… Ⅲ. ①室内空气－空气污染－污染防治 Ⅳ. ①X51

中国版本图书馆CIP数据核字（2019）第084728号

看不见的室内空气污染

Kanbujian de Shinei Kongqi Wuran

主　　编　侯立安

副 主 编　张　林　张寅平

出版发行　中国建材工业出版社

地　　址：北京市海淀区三里河路1号

邮　　编：100044

经　　销：全国各地新华书店

印　　刷：北京天恒嘉业印刷有限公司

开　　本：880mm×1230mm　1/32

印　　张：5.5

字　　数：150千字

版　　次：2019年9月第1版

印　　次：2019年9月第1次

定　　价：36.00元

编委会

序

　　近年来，人们对自身的健康安全意识逐渐增强，时刻防范来自各方面的威胁。室内是人们的主要停留地，因此来自于室内空气的污染自然地成为了人们所关注的焦点。然而，公众对室内空气污染方面的认知还比较浅薄，从多种渠道获得的信息不完善且缺乏真实性和专业性，很容易造成误导。

　　《看不见的室内空气污染》这本书写的是公众最关心的"住"的问题，针对大家"看不见"和"不知道或者忽视"的各种室内空气污染问题，通过调研收集、网络投票、专家筛选等方式选出公众关注度最高、与室内生活健康关系最密切的问题，通过专家的科学解读，为公众答疑解惑，明确概念，减少谬误与谣传，以正视听。全书分为概念、污染、健康、监测与标准、综合防治以及特殊场所空气污染六个篇章，采用一问一答的模式，言简意赅地呈现了客观公允的论断，力求阐明公众关心的室内空气污染情况，解决迷惑问题，可以作为居家必备的生活参考用书。这本书的出版还将加强国家对室内空气污染的防控和相关技术设备的研发，具有显著的科学价值和社会效益。

　　这本书是由中国工程院院士侯立安带队编写完成的，团队成员都是室内空气细颗粒物污染和健康风险评价及控制对策方面的资深专家，在空气污染监测与防控相关领域具有扎实的专业知识和丰富的科研工作经验，此次他们合力呈现出的《看不见的室内空气污染》一书，权威性高、论断客观公允、行文通俗易懂，对提高公众室内空气污染的防控意识、有效控制室内空气污染、敦促国家相关法律标准健全和完善、推动监控分析和源头控制、保障国计民生具有重要意义。

中国科学院院士　阎文琢

据统计，一天之中我们至少有70%的时间在室内度过，因此，保障室内空气质量安全是关乎广大公众健康的大事。然而，公众对室内空气污染的源头辨识不清，对自身暴露其中的风险认识不足。为了获取室内污染和健康的相关知识，解答所遇到的困惑，许多人会求助于网络或他人。但是，网络和他人的答案五花八门，各种谣传与谬误充斥其中，令人无所适从，难以满足广大公众的迫切需求。

为排除人民群众遇到的有关室内空气污染的相关疑惑，我们联合多位在空气污染监测与防控领域有着丰富经验的科学家，以调查问卷和现场咨询的方式，对公众所关注的室内空气污染问题进行了收集、梳理，并从科学的角度进行了详细、专业的解答。本书总共包括六个章节，第一章为"概念篇"，主要介绍与室内空气相关的一些概念；第二章为"污染篇"，主要描述了一些典型污染物的定义、来源和危害，包括甲醛、$PM_{2.5}$、苯等，使公众对室内空气污染物有更为科学的认知；第三章为"健康篇"，主要讲述室内空气污染对人体健康的影响；第四章为"监测与标准篇"，介绍了国内外室内空气污染标准，目的是让公众认识到"什么样的室内空气才是好空气"；第五章"综合防治篇"，主要是指导公众在遇到室内空气污染时该怎么做，着重讨论了如何从源头防控、利用新风系统和末端治理三个方面来解决室内空气污染问题，涉及装饰装修材料的选择、新风系统的安装和现代净化技术实施方案等方面的内容；第六章为"特殊场所空气污染篇"，主要介绍了公共场所（如商场等）和特殊场所（如汽车等）的室内空气污染来源和防治措施。

通过上述六部分内容，公众可大致掌握室内空气的相关知识，解决自己所面临的问题，实现"住"的安全。

感谢李泽椿院士、孙宝国院士以及编者们对本书的编写所付出的努力，也感谢中国建材工业出版社王天恒编辑和我的学生们对本书所做的工作。在大家的共同努力下，本书得以顺利出版。

本书得到了中国工程院重点咨询研究项目（我国室内与典型工业厂区空气污染防控战略问题研究，2015-06-XZ-01）的支持，在此表示衷心的感谢；还要特别感谢中国科学院陶文铨院士、何雅玲院士和中国工程院郝吉明院士对本书的高度评价和大力推荐，使本书的编者们备受鼓舞。

中国工程院院士 侯立安

2019 年 8 月

目录

第 ● 章　概念篇

看 | 不 | 见 | 的 | 室 | 内 | 空 | 气 | 污 | 染

001

什么是室内空气质量？

答：在当今，"空气质量"耳熟能详，人们每天都能听到、看到空气质量的播报。"空气质量"是常用于评价空气洁净程度或空气污染程度的重要参数，是指对人体健康和心理感受产生影响的室内空气环境相关的物理、化学、生物和放射性等因素浓度或强度的综合性描述。

我国住宅和办公室的室内空气质量的优劣，以现行国家标准《室内空气质量标准》（GB/T 18883—2002）规定的二氧化硫、二氧化氮、一氧化碳、二氧化碳、苯、甲苯、二甲苯、甲醛、氨、臭氧、苯并[α]芘、总挥发性有机物、颗粒物、细菌和氡等 15 项参数的标准值来判定。

《室内空气质量标准》中空气污染物的标准值，是通过大量的流行病学调查研究，进行健康风险评估，确定出该空气污染物的可接受浓度，然后综合考虑技术可行性以及经济、政治和社会等因素制定出来的。一般而言，将室内空气污染物浓度控制在低于卫生标准值以下是安全的，不会对健康造成显著危害。

002

什么是室内气流组织？

答：所谓气流组织[1]，就是在空调房间内合理地布置送风口和回风口，使得经过净化和热湿处理的空气，由送风口送入室内后，在扩散与混合的过程中，均匀地消除室内余热和余湿，从而使工作区形成比较均匀而稳定的温度、湿度、气流速度和洁净度，以满足生产工艺和人体舒适的要求。常用气流组织如下：

（1）上送下回

新鲜的空气由房间的上部送入，从房间的下部排出，称为"上送下回"送风方式。上送下回的气流首先能够和室内的空气均匀地混合，之后再在工作区域形成均匀温度场和速度场，并稀释 CO_2 浓度场，这种送风方式适合对温度、湿度以及空气质量品质要求高的对象。

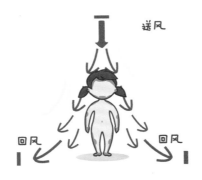

上送下回

（2）上送上回

上送上回方式主要是将送、回风管道都安置在房间上部区域，对

[1] 于宏波.论空调风口的设计［J］.科技信息，2012（22）434.

于异侧上送上回的通风方式可以在房间装修时暗装在吊顶里面。由于送、回风口都在房间的上部，所以采用这种安装方式时要注意避免因气流短路（即新进的空气未经过工作区直接排出）引起的空气流通不畅问题。

上送上回

（3）下送上回

下送上回方式不仅有助于均匀的温度场与速度场在工作区域内的形成，而且有助于污染物的排出，提高室内空气质量品质。此外，热气流密度较小，很容易从上部回风口排出，所以这种模式在一定程度上能够降低能耗。

下送上回

（4）分层空调

分层空调是指仅对高大空间下部区域的空气进行调节，而对上部区域不进行调控的调节方式。夏天主要用到空调的制冷功能，冬天是用其制热功能。根据热空气上升、冷空气下降的原理，在夏天，空调产生的冷气不易流动到上部非工作区域；相反，在冬天，空调产生的热量容易流动到上部非工作区。所以该空气调节方式在夏季比较节能，而在冬天并不节能。

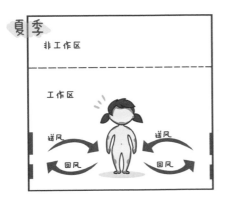

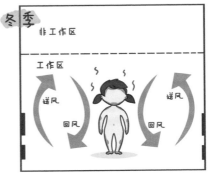

分层空调

003

什么是新风量?

答: 新风量是指单位时间内每人平均占有室外进入室内的空气量,单位为立方米每人每小时 [$m^3/$(人·h)]。新风的获得有三种方法:自然通风、机械通风和中央空调通风。

不同人群所需要的最小新风量有明显的差别,成人需 ≥ 30$m^3/$(人·h),高中生需 ≥ 32$m^3/$(人·h),初中生需 ≥ 25$m^3/$(人·h),小学生需 ≥ 20$m^3/$(人·h),在不同场所人们所需要的最小新风量也略有差异,如在空气质量要求高的室内或者环境比较恶劣的场所,人们对新风量的要求会相应增加。

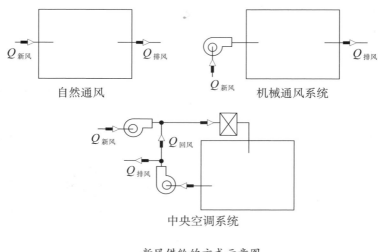

新风供给的方式示意图

004

什么是自然通风？

　　答： 众所周知，"自然通风"即打开建筑物门窗进行通风换气的方法。

　　自然通风的作用有三点：一是补充新风；二是排出室内空气污染物；三是抑制室内细菌和霉菌滋生繁殖。

　　自然通风是最廉价、最快捷、最有效的改善室内空气质量的方法之一。当室内空气中化学污染物、放射性污染物及生物污染物的浓度较高时，应优先选用自然通风方法来改善室内空气质量。例如，在新建、改建、扩建以及新装饰装修的建筑物内，空气中挥发性有机物（VOCs）的浓度往往比室外高数倍，可优先选用自然通风将 VOCs 排至室外，改善室内空气质量。

　　自然通风另外一个作用是降低室内的相对湿度，尤其是在厨房、浴室和卫生间等室内潮湿、结露的地方或受水损害的地方，保持良好的通风，迅速将室内的湿气排至室外，可有效破坏细菌和霉菌易于滋生的潮湿环境，抑制细菌和霉菌滋生繁殖，起到控制潜在污染源的作用。

　　应注意的是，在冬季供暖、夏季制冷时，通风换气后再将室外进入的空气加热或冷却至室内温度，将会增加能源消耗。因此，应根据室内空气污染程度决定门窗开启的大小、次数和时间长短，以节约能源。

005

什么是机械通风?

　　答：机械通风是指通过风机的抽排作用，实现室内空气与外界新鲜空气之间交换的一项技术措施。机械通风分为全面通风和局部通风。前者是对整个房间进行通风换气，如地下停车场通风系统、家用新风机组；后者是指利用局部气流，使局部地点不受污染，形成良好的空气环境，如排气扇、抽油烟机等。

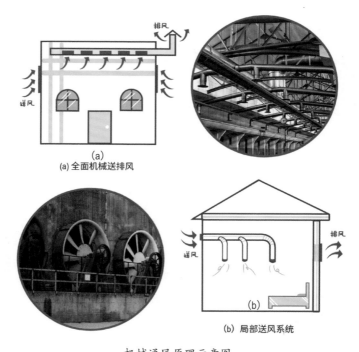

机械通风原理示意图

（a）全面机械送排风　　（b）局部送风系统

006

什么是复合通风（或多元通风）？

答：所谓复合（多元）通风，就是以自然通风和机械通风两种方式的切换或叠加组合，最大程度地利用室外气候条件来减少能耗，创造人们可接受的居室室内空气。

复合(多元)通风系统按自然通风与机械通风的匹配方式可为三类：交互使用式、有机结合式和相互配合式。交互使用式是指自然通风和机械通风系统两个独立的系统共存于同一个房间，根据需求，两个系统可交错使用。有机结合式是指自然通风和机械通风两个系统被有机结合为一个整体，在同一时间内两种方式共同作用，以实现室内空气更替。相互配合式是指两个系统一起作用，一个起主要作用，一个起辅助作用，即可能是自然通风辅助机械通风，也可能是机械通风辅助自然通风。

综上所述，复合（多元）通风系统与一般通风系统的主要区别在于,该系统可自由调控各子系统的结合方式，从而实现更好的通风效果，并且更加节能。

007

什么是空气净化器？

答：空气净化器是指由空气净化装置、送风机和电源等部件组成的，具有可去除空气中化学污染物、生物污染物、放射性污染物中一种或多种污染物功能的空气净化设备。

空气净化器的净化性能指标是"洁净空气量"（CADR）它是表示空气净化器净化能力的参数。该值越高，空气净化器的净化效果越好。

空气净化器有多种分类方法：

（1）按净化原理分类：静电除尘式、过滤除尘式、物理吸附式和化学吸附式等十余种类型。

（2）按去除对象分类：除尘式、除气体污染物式、消毒（除空气微生物）式和除氡式。

（3）按使用场所分类：家用式、商用式、车载式等。

空气净化器选购方法：

（1）目标要明确：房间使用面积多大？要求去除什么污染物？

（2）选购要理性：查看产品是否标明去除污染物的 CADR 值，是多少（m^3/min）？

008

什么是健康建筑？
健康建筑评价指标体系包括哪些内容？

答：中国建筑学会标准《健康建筑评价标准》（T/ASC 02—2016）对健康建筑的定义为：在满足建筑功能的基础上，为建筑使用者提供更加健康的环境、设施和服务，促进建筑使用者身心健康、实现健康性能提升的建筑。

该标准的健康建筑评价指标体系由空气、水、舒适、健身、人文、服务 6 类指标组成，每类指标均包括控制项和评分项。下图为体系中包含的具体项目。

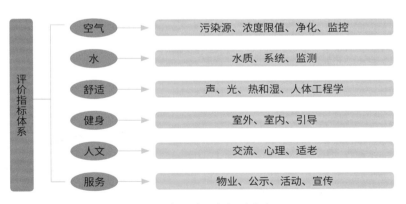

	污染源、浓度限值、净化、监控
空气	
水	水质、系统、监测
舒适	声、光、热和湿、人体工程学
健身	室外、室内、引导
人文	交流、心理、适老
服务	物业、公示、活动、宣传

评价标准体系所包括的内容

009

什么是绿色建筑？
绿色建筑的评价指标体系包括哪些内容？

答： 中华人民共和国国家质量监督检验检疫总局发布的《绿色建筑评价标准》（GB/T 50378—2014）对绿色建筑的定义为：在建筑的全寿命期内，最大限度地节约资源（节地、节能、节水、节材），保护环境和减少污染，为人们提供健康、适用和高效使用空间的建筑。

绿色建筑评价指标体系包括的内容为：节材与材料资源利用、节水与水资源利用、节能与能源领域、节地与室外环境、运行管理、施工和室内环境质量。

010

什么是（病态）建筑物综合征，新居综合征？

答："建筑物综合征"是一个比较抽象的舶来术语，也称"新居综合征"。早在 20 世纪 70 年代爆发能源危机以后，欧美各发达国家从节约能源考虑，建造新的办公大楼、商业大厦和住宅时，普遍增加了建筑物的隔热性和密闭性，致使通风量减少，室内空气质量下降。由此，一些办公室的工作人员、教室里的学生和在住宅内生活的居民出现一些非特异性症状，主要表现为眼、鼻和咽喉有刺激感，甚至感到疲劳乏力、记忆力减退，出现头晕、头痛、发烧、哮喘、过敏性肺炎和传染性疾病等二十余种症状。经过大量的流行病学调查研究表明，这些症状与室内空气污染有关，被统称为"建筑物综合征"。

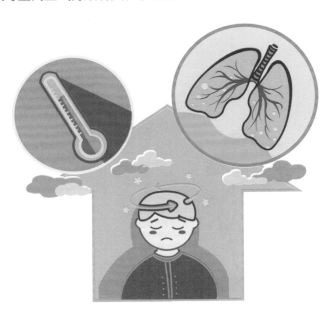

011

什么是污染暴露？

　　答：污染暴露是指人在某段时间和某个空间与某种污染物的接触。暴露途径包括污染物从污染源经由空气、水和食物到达人体或其他被暴露的生物个体，一般可分为呼吸暴露、皮肤暴露和饮食暴露。

012

什么是健康风险评估？

答：健康风险评估是世界各国普遍用来评价环境污染对人群健康所造成的危害或威胁的方法。

空气污染健康风险评估的目的：

（1）预测空气污染可能产生的健康效应和特征；

（2）估计健康效应发生的概率；

（3）估计健康风险影响的超额人数；

（4）为采取相应的健康风险控制措施提供依据，以及评估这些健康风险控制措施的控制效果。

空气污染健康风险评估的框架由 4 部分组成：

① 危害鉴定：确认室内化学污染物危害风险评估的必要性和可能性。

② 暴露评估：确定人体接触的化学物质、浓度、途径及接触时间等。

③ 剂量 - 反应关系评估：通过接触剂量与健康效应之间的关系，推算出污染物的危险度。

④ 风险特征分析：在危害鉴定、接触评估和剂量 - 反应关系评估结果的基础上，按一定准则综合分析及数学推导，预测人群发生健康风险的大小。

世界卫生组织（WHO）指出：长期暴露在 $PM_{2.5}$ 年平均浓度 $35\mu g/m^3$ 的环境中，相对于暴露在年平均浓度 $10\mu g/m^3$ 的水平（标准限值）而言，将会增加约 15% 的死亡风险。

因此，为了减少空气污染对人体健康产生消极影响的风险，延长人的寿命，采取控制室内空气污染物浓度等措施是非常必要的。

第 ● 章 污染篇

看 | 不 | 见 | 的 | 室 | 内 | 空 | 气 | 污 | 染

013

室内空气污染有哪些来源？

答： 室内空气污染的来源可分为室外污染源和室内污染源。室外污染源是指室内空气污染来自于室外空气。例如，在雾霾天气时，大气中存在大量的 $PM_{2.5}$、PM_{10}、SO_2 等污染物，这些污染物可通过门窗缝隙进入室内。因此，这时的大气就是室外污染源。室内污染源是指污染物来自室内，比如室内物品或室内人类活动，主要包括：

（1）建筑材料。不符合建筑材料国家标准建材本身含有超标的放射性物质（氡）或有害气体（氨），会渐渐被释放出来。

（2）装饰装修材料。因使用了含有甲醛树脂的黏合剂，室内装修所用的胶合板与隔板会逐渐释放一些有机污染物。此外，还有其他各类装饰材料，如壁纸、化纤地毯、泡沫塑料、油漆和涂料等，也会释放有毒污染物。

（3）生物类污染源。宠物掉落的毛发、体垢及皮屑，来自于腐败物和宠物代谢物的细菌、霉菌、病毒，都会引发空气污染。

（4）仪器设备。空调系统设备本身也容易成为污染源，如在热交换器降温、减湿过程中，其表面的凝结水极易滋生细菌。过滤网捕集灰尘和微生物，如不及时更换，也极易成为系统内的一大污染源。打印、复印设备运行时也能增加室内颗粒物的浓度。

（5）人类活动。抽烟会释放尼古丁、一氧化碳、二氧化碳、乙醛、丙酮、焦油及悬浮颗粒等有害物质。烹饪、取暖和烧水也能产生一氧化碳、二氧化氮、悬浮微粒等污染物。

（6）人体本身。咳嗽、打喷嚏、呼吸等人体行为或新陈代谢也能产生二氧化氮、有机酸等污染物。

014

室内颗粒物的来源和危害有哪些？

答：室内颗粒物（PM_X）：PM 是英文单词 particulate matter 的首字母缩写，是指空气中的微粒物质或悬浮微粒。下标 X 代表的是微粒在空气中的当量直径，其单位为微米。如 PM_{10} 指的是空气环境中漂浮的当量直径小于或等于 10 微米的尘埃微粒；$PM_{2.5}$ 指的是空气中当量直径小于或等于 2.5 微米的细颗粒悬浮物。空气中不同直径的 PM_X 对人体的健康危害程度不同。

PM_X 主要包括自然源和人为源。自然源中的花粉、细菌和真菌等颗粒物对人体会产生严重影响，除此之外，土壤扬尘、海盐等颗粒物的危害相对较小。人为源产生的 PM_X 危害较大，来自于煤炭、石油等燃料的燃烧、工业废气和汽车尾气的排放和建筑施工的扬尘等。

空气中存在不同尺寸的颗粒物，其中大于 PM_{10} 的颗粒会被挡在鼻腔以外，黏附在鼻腔的颗粒会被排出体外。而 $PM_5 \sim PM_{10}$ 的颗粒会被挡在咽部，当沉积的颗粒物逐渐增多时，喉咙会有黏液分泌来包裹它们，咳嗽吐出的痰液中就包含大部分颗粒。$PM_{2.5}$ 的颗粒会随呼吸经过气管和支气管进入肺部，其中含有的铵、硝酸盐、矿物尘埃、微量元素、有机和无机碳等，会使人产生氧化应激反应，从而引起一些常见的急性和慢性呼吸疾病。

015

室内空气中微生物的来源和危害有哪些？

答：微生物是肉眼看不见的、必须通过显微镜才能看见的微小生物的统称。微生物普遍具有以下特点：（1）个体小；（2）繁殖快；（3）分布广、种类复杂；（4）较易变异，对温度适应性强。

室内的微生物污染物主要有两大类，一类是室内生物过敏源，主要有螨类过敏源、蟑螂过敏源以及猫狗过敏源；一类是真菌、细菌和病毒，该类污染物种类繁多，大多是致病菌。

这些微生物主要来源于沙发、地毯、毛绒玩具、床垫和枕芯等，以人体分泌物为食，如皮屑、汗液等。还有一些存在于长期使用且未进行及时清理的空调、通风系统、厨房和卫生间等。

016

室内环境释放化学物质的来源有哪些？

答： 合成材料会散发数百种挥发性有机物到空气中，下表列出了一些常见的释放物质及其来源。

常见材料释放物及来源

	甲醛	甲苯/二甲苯	苯	三氯乙烯	氯仿	氨	酒精	丙酮
晒图机						√		
打印机				√			√	
复印机		√	√	√	√			
照片打印机		√	√	√	√			
涂改液								√
胶合板	√							
未印刷纸张								√
二手烟			√					
天花板	√	√	√				√	
黏合剂	√	√					√	
生物排泄物		√				√	√	√
化学填充物	√	√	√				√	
加氯自来水					√			
清洁剂							√	
电脑屏幕		√						
纸巾	√							
地面披覆材料	√	√	√				√	
油漆	√	√	√				√	
碎木板	√	√	√				√	
着色剂	√	√	√				√	
墙面披覆材料		√	√				√	
地毯							√	
化妆品							√	√
窗帘	√							
丝织品	√							
煤气灶	√							
购物袋	√							
洗甲水								√
防皱衣料	√							

017

甲醛的来源与危害有哪些？

答：甲醛（CH_2O）是制造油漆、合成树脂、人造纤维和塑料等材料的重要试剂。这些含有甲醛的材料被广泛应用在木材工业、纺织和防腐溶液等领域。甲醛在这些材料中长期存在，且很难在短时间内完全散发，对室内空气的污染具有持久性。甲醛对人体的危害也比较大，会损伤人体的呼吸系统和免疫系统，使人体产生咳嗽、胸闷等症状，严重者会进一步发展为支气管炎、肺炎和肺气肿等呼吸道疾病。世界卫生组织 2004 年 6 月 15 日发布的第 153 号"甲醛致癌"公报中，确认甲醛属于致癌物质。

018

苯的来源与危害有哪些?

答: 苯 (C_6H_6) 是一种挥发性有机化合物, 其作为重要的化学工业原料, 广泛应用于生产化学工业的产品中。室内苯主要来源于各种建筑材料、装饰装修材料和家具使用的油漆、胶黏剂、涂料以及各种有机溶剂。

流行病学调查研究显示, 苯的暴露与人群癌症发生 (或死亡) 有关。苯在骨髓、肝脏和白细胞内, 可与细胞核中的脱氧核糖核酸 (DNA) 结合, 造成 DNA 损伤、染色体畸变, 从而引发癌症; 抑制免疫系统功能, 导致人体免疫系统的免疫器官和免疫细胞的防御功能降低; 可破坏循环系统, 使骨髓造血机能发生障碍, 导致红血球、白细胞、血小板数量减少, 引起再生障碍性贫血, 严重者可诱发白血病。

019

挥发性和半挥发性有机物的来源及危害有哪些？

　　答：根据世界卫生组织的定义，挥发性有机物（VOCs）是指沸点在 68.74 ～ 286.79℃ 之间，室温下饱和蒸气压超过 133.32Pa 的易挥发有机化合物。目前已检出的挥发性有机污染物有 500 多种，其中有烃类、卤代烃、氮烃、低沸点的多环芳烃，是室内外空气中普遍存在的一类有机污染物。半挥发性有机物（SVOCs）是指沸点在 170 ～ 350℃ 之间、蒸气压在 10.5 ～ 13.3Pa 之间的有机物。SVOCs 主要包括一些多环芳烃、含有苯环的酯类、联苯类等。室内环境中 VOCs 和 SVOCs 主要来自建筑材料、清洁剂、油漆、含水涂料、黏合剂、化妆品和洗涤剂等。

　　VOCs 和 SVOCs 可对人体的视觉系统和呼吸系统造成损伤，并可引起皮肤过敏和灼烧等伤害，部分挥发性有机物甚至能够致癌。

020

多环芳烃的来源和危害有哪些?

答: 多环芳烃 (PAHs)[1] 是指分子中含有 2 个及以上苯环的碳氢化合物,包括萘、蒽、菲、芘等 150 余种化合物。有些多环芳烃还含有氮、硫和环戊烷,常见的具有致癌作用的多环芳烃多为 4 到 6 环的稠环化合物。

PAHs 来源于自然和人为。其中,自然源主要包括燃烧(森林大火和火山喷发)和生物合成(沉积物成岩过程、生物转化过程和焦油矿坑内气体),未开采的煤、石油中也含有大量的多环芳烃。人为源来自于工业工艺过程、缺氧燃烧、垃圾焚烧、食品制作和直接的汽车尾气排放及轮胎磨损、路面磨损产生的沥青颗粒以及道路扬尘。

多环芳烃对人体具有一定的危害。例如,多环芳香烃苯并 [α] 芘,它是第一个被发现的环境化学致癌物,而且致癌性很强,室内的苯并[α]芘主要源于吸烟、采暖、烹调等。

[1] 孙成均, Sugita K, Goto S 等. 气相色谱 - 质谱法测定空气悬浮颗粒物中 35 种多环芳烃化合物 [J]. 华西医科大学学报, 2001,32(3):467-470.

021

臭氧的来源与危害有哪些?

答:臭氧（O_3）是有特殊臭味的淡蓝色气体,在常温常压下,稳定性较差,可自行分解为氧气。臭氧不是人类活动排出的污染物,而是由大气中前体物经过化学反应所形成的,主要分布在 10 ～ 50km 高度的平流层大气中。

臭氧具有青草的味道,少量吸入对人体有益,过量吸入对人体就会造成危害。臭氧几乎能和任何生物组织反应,会刺激和损害鼻黏膜和呼吸道,甚至还会引起肺功能的衰弱以及肺气肿等不可修复的损伤。对于患有支气管炎的人来说,即使暴露在低浓度的臭氧中,也极有可能遭受伤害。此外,臭氧还会刺激眼睛,让视觉敏感度和视力下降;也会破坏皮肤中的维生素 E,使皮肤生出皱纹和黑斑;还会引起头疼和思维能力下降。

022

氨的来源与危害有哪些?

答:氨气(NH_3)无色,有刺激气味,多用来制备液氨、硝酸、铵盐和胺类等。氨为建材市场中必备的商品,室内氨污染主要来自室内的装饰和装修材料,如家具表面所涂敷的保护层就含有氨水。

氨对人体有较大的危害,当氨的浓度超过嗅阈 $0.5 \sim 1.0mg/m^3$ 时,就会对上呼吸道产生刺激和腐蚀作用,麻痹呼吸道纤毛,损害黏膜上皮组织,易使得病源微生物侵入;当氨进入肺部后,会被血液吸收,然后与血红蛋白结合,从而破坏血液的输氧功能,引起人体缺氧;当浓度过高时,严重者会引起心脏停搏和呼吸停止。除此之外,由于氨的碱性较强,当其接触到皮肤后,会使人产生灼烧感。

023

氡的来源和危害有哪些?

　　答: 室内空气中的氡及其子体氡主要来源于房基土壤建筑材料、从户外进入室内的空气等,其中建筑材料为最主要的来源。氡属于放射性元素,可通过原子核的衰变向周围释放高强度射线,诱发人体正常细胞癌变。判断原子核衰变快慢的一个主要参数是半衰期,半衰期越短,放射性元素的放射指数就越高。氡-222(^{222}Rn)是室内空气中常见的空气污染物,也是人类在正常生活环境中所接触到的唯一惰性气体放射性元素。^{222}Rn 衰变时释放出 α 粒子(α 射线)后衰变为钋-218,半衰期仅为 3.82 天。氡的另外两种天然同位素的半衰期极短,氡-219(^{219}Rn)的半衰期仅为 3.96 秒,氡-220(^{220}Rn)的半衰期为 55.6 秒。因此,氡对人体的危害极大。

　　世界卫生组织确认:"氡是致癌物质,可引发肺癌。"氡被吸入呼吸系统后沉积在肺部的支气管上皮细胞,氡及其子体衰变过程产生的 α 粒子,将直接破坏呼吸系统细胞的脱氧核糖核酸(DNA),从而造成人体的辐射损伤,更严重的是受损伤的细胞有可能发生变异,形成癌细胞,进而可能会发展成肺癌。

024

一氧化碳的来源与危害有哪些？

答： 一氧化碳（CO）由一个氧原子与一个碳原子通过共价键连接而成，通常状况下，一氧化碳是无色、无臭、无味、有毒的气体。室内 CO 主要来自于煤炭或燃气的不完全燃烧。当吸入过量 CO 后，人体就会不知不觉中毒，严重情况下会导致死亡。

025

二氧化碳的来源与危害有哪些？

答： 室内空气中的二氧化碳（CO_2）主要来源于人的呼吸和燃料燃烧的产物。人呼出的气中二氧化碳约占 4% ~ 5%。一个成年人在安静状态下每小时可呼出的二氧化碳约 22.6 升，儿童约为成人的 50%。如果室内人员多，居住拥挤，二氧化碳含量就会明显上升。民用燃料燃烧也会产生二氧化碳，燃料用量越大，室内二氧化碳浓度也就越高。

当空气中的二氧化碳浓度达到 0.1% 时，很多人会感到不舒服。空气中二氧化碳浓度达到 3% 时，会引起人的呼吸加深；达到 4% 时，会引起头晕、头痛、耳鸣、眼花和血压升高等症状；达到 8% ~ 10% 时，会引起呼吸困难、脉搏加快、全身无力等症状，肌肉由抽搐至痉挛，神志由兴奋转向消沉。[1]

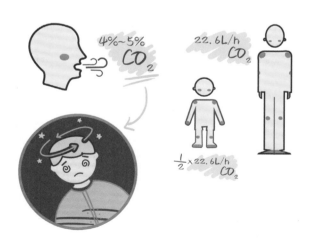

[1] 谭琳琳,戴自祝,甘永祥.神经行为功能评价系统及其应用 [J].中国卫生工程学,2003(03):51-54.

026

雾霾天气对室内空气质量有怎样的影响?

答: 雾霾不仅对室外空气有极大的破坏,同时也给室内空气带来了极其恶劣的影响。在雾霾天,空气中的污染物会通过建筑门窗的缝隙和门窗的开启进入室内,将空气中的 $PM_{2.5}$ 等污染物带入室内。在雾霾天气中,是否会出现室内空气比室外空气质量更差的情况呢?

有研究表明,当室外 $PM_{2.5}$ 浓度较高时,室内空气的质量虽然有所下降,但仍然是好于室外空气质量的。因此,在雾霾天气条件下,人们应该尽量待在室内,减小 $PM_{2.5}$ 带来的健康风险。

027

微小气候对室内空气质量是否有影响？

答： 室内微小气候 [1] 是指在室内构成的与室外环境完全不同的特殊气象条件。室内微小气候包括空气温度、湿度、气流和热辐射等几个综合作用于人体的环境因素。室内微小气候与室外环境气候有一些共同点，也有一些明显区别。共同点是它们都是由气温、气湿、气流和热辐射组成。不同点是室外气候的范围更广泛、更复杂，而且室外气候还包括气压、紫外线、γ 射线、电离辐射等因素。二者之间有密切的联系，可以相互影响，只不过室外气候因素对室内气候因素的影响远远大于室内因素的影响。

良好的室内空气质量是舒适生活的一个重要要素。如果一个房间里的某种物质影响该房间内正常的生产、工作、生活，那么我们就把这种影响物质称为污染物。比如，当房间内因为受到外界的影响或房间内部的热源影响，而使得房间里的温度超过设计温度的时候，这部分引起房间温度过高的热量称为余热，因为这部分余热的存在而使得房间温度不适宜进行正常的工作、生活了，所以余热也是一种污染，同理，余湿也是一种污染。余热、余湿不仅可以作为污染物，还能作为主要污染物形式存在于建筑中。典型的例子有炼钢车间的余热污染，以及南方雨季的室内余湿污染。

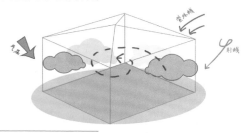

[1] 谭琳琳,戴自祝,甘永祥.神经行为功能评价系统及其应用[J].中国卫生工程学,2003(03):51-54.

028

为什么说人体也是一种污染源？

答： 人体可通过呼吸系统、泌尿系统及皮肤排出系统将细胞代谢废物排出体外。这些废物包括二氧化碳、水、无机盐、尿素等，它们也会引起室内空气污染。所以说人体本身就是一个污染源。

人体散发的大多数气态污染物的发生量都很小，人口密度稀少时，人体污染源产生的污染对室内空气影响不明显。但是，当人员密集时，人体散发的污染对室内空气质量就会有影响。比如 CO_2，在室内环境中，CO_2 的浓度最高也就在 0.4%（4000ppm）左右，远达不到会使人体中毒的程度。但是 CO_2 的浓度升高会对人的思维和认知能力有所影响，因此新鲜的室内空气中 CO_2 的浓度通常小于 0.1%（1000ppm）。

029

空调系统本身对空气质量是否有影响？

答： 空调系统对于室内空气质量如同一把双刃剑。积极方面在于，空调系统可以排除或稀释各种空气污染物。消极方面在于它可以成为细菌和其他污染物的聚集地，并加快污染物的传播。所以说，空调系统本身也可以产生污染。

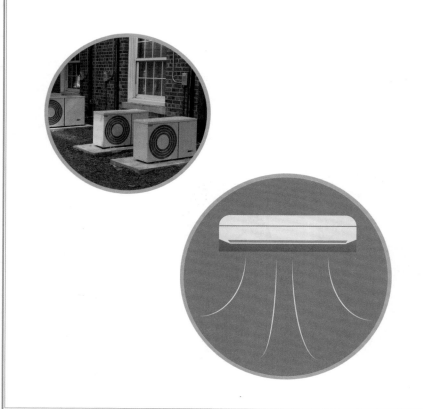

030

烹饪对室内空气是否有影响？

　　答：烹饪产生空气污染的来源，一是低效的烹饪技术和劣质的烹饪燃料产生大量对健康有害的空气污染物：一氧化碳、氮氧化物、二氧化硫、脂肪烃、芳香烃、醛酮类化合物、苯并 [α] 芘和细微固体颗粒。二是烹饪所产生的油烟。烹调油烟含有多种有毒化学成分，具有肺脏毒性、免疫毒性、遗传毒性以及潜在致癌性等，人体暴露于烹饪油烟中会增加一些疾病的患病概率，包括呼吸道感染、肺炎、肺癌、哮喘、肾病、白内障以及心血管疾病等。因此，人们一日三餐享用美食的同时，千万不可忽视烹饪食物时对室内空气造成的污染。

031

高层住宅的厨房为何有时会发生"串味"现象？

答：目前，在我国大中城市，高层住宅厨房排烟主要采用排油烟机集中排入烟道。其设计原理以热压通风为基础，竖向排气烟道内应呈负压状态。各用户利用连接软管（支管）、抽油烟机、密封材料将住宅厨房内的油烟气体排入竖向排气烟道中，每户厨房的油烟集中排入排气道，上升到达楼顶，通过排气口排出。然而，在实际使用过程中，用户抽油烟机的运行状态直接影响竖向排气烟道的空气动力特性。部分用户开启抽油烟机，在竖向排气烟道内出现气流漩涡，导致局部压强增大，使距离屋顶风帽较远的用户排风不畅，或使烟气进入未开启抽油烟机用户的支管，反灌入厨房，出现串味。

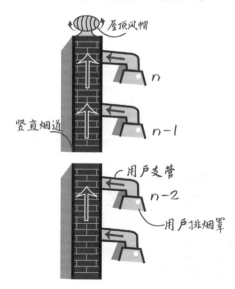

高层住宅烟道集中排放的型式

032

室内空气污染物传播的影响因素有哪些？

答： （1）气象因素。建筑物通风可取得室外空气，因此室外气象变化对室内通风状况、温度、湿度和人在室内环境中的暴露时间等有很大的影响。影响空气污染传播的气象因素主要有两个方面，气象的动力因素和热力因素。气象的动力因素主要指风和湍流，两者对污染物的扩散和稀释起着决定性作用。气象的热力因素主要是指空气的温度层和空气稳定度。

（2）室内外空气交换率。在同一污染源强度下，通风换气量大时，室内污染物浓度就低。室内外空气交换越好，建材、装饰装修材料中甲醛和 VOCs 的释放也相应越快，越有利于室内环境清洁。因此已装修的房子要注意通风换气，增加室内外空气交换。但"有风不净"则会使室内越是开窗通风，空气质量越差。

（3）建筑构造的影响。人们在建筑物内滞留的时间所占比例较大，为了让人们享受最好的环境，建筑物的设计就显得格外重要。在设计过程中，应将光照、通风量等情况考虑在内。此外，设计者应首先考虑防止疾病传播，防止住宅内部的空气交叉污染。另外，建筑迎风面和背风面的风压过小而形成不了有效的对流，就算通风条件很好也会面临"有堂无风"的局面，不利于室内污染物的扩散，增加污染物对人体健康的威胁。

（4）室内环境因素的综合作用。室内环境的污染，既包括物理、化学和微生物等污染因素，也包括室内的温度、湿度、风速等因素的影响。因此影响室内空气污染物传播的因素不是单一的，而是复杂多样的。研究表明，室内空气温度为 26℃ 并伴有混合挥发性有机物（10mg/m³）时，空气温度和有机化合物对人体健康的影响有明显的协同作用。

033

温度和湿度对室内建材或家具中有害物的散发速率是否有影响？

答：有的。例如，甲醛的散发速率与温度、湿度和室内空气流通情况密切相关。残留在污染源中和有机物分解产生的甲醛吸附在固体表面，当温度升高时，甲醛的脱附作用加强，甲醛的释放速度也随之加快。家具材料甲醛的释放随其所处环境温度和湿度的升高而加强，温度每升高 5℃，甲醛的平衡浓度上升到原来的 1.37 ～ 1.94 倍，相对湿度升高 30%，甲醛的平衡浓度上升到原来的 1.5 ～ 2.61 倍。

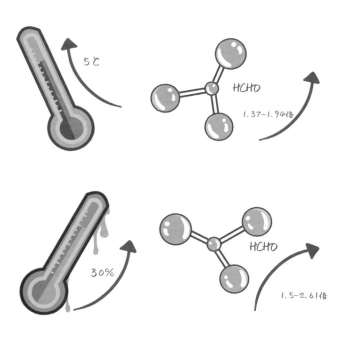

第 一 章　健康篇

看|不|见|的|室|内|空|气|污|染

034

室内空气污染对人体健康会产生多大的影响？

答：世界卫生组织估计，2016 年，仅环境空气污染就导致约 420 万人过早死亡。下表列出了室内主要气体污染物对人体健康的影响：

污染物对人体的影响

污染物名称	对人体主要影响
甲醛	头痛、恶心、失眠、过敏性皮炎、气管哮喘、肝肺功能异常、鼻咽肿瘤
苯、甲苯、二甲苯	头昏、头痛、恶心、胸闷、乏力、意识模糊、昏迷、呼吸及循环衰竭
多环芳烃	过敏性皮炎、肺癌、咽喉癌、口腔癌
氨气	鼻炎、咽喉炎、气管炎、支气管炎、胸闷、呼吸困难、肺水肿
臭氧	眼睛刺激、鼻黏膜刺激、哮喘、头痛、胸闷、思维能力下降、肺气肿、肺水肿
氮氧化物	喉咙干燥、咳嗽、头昏、视力衰退、中毒性水肿、神经中枢瘫痪及痉挛

035

南方雨季来临时，衣服、被子、家具等物件容易发霉，对室内空气有何影响，改善的措施有哪些？

答："发霉"是指衣服、被子、家具等物件因潮湿而滋生霉菌。霉菌会向空气中散发霉菌孢子，如果不及时处理，就会引发呼吸道疾病和过敏症状，从而危害人体健康。可采用以下措施进行改善：

（1）空调抽湿。空调可以快速降低室内湿度，减少霉菌的生长，保障居住环境的舒适度。

（2）放置吸湿材料。将炭、木屑等吸湿的材料放于易潮湿的位置，平衡房间湿度，有效防治尘螨滋生，并能吸附部分室内挥发性有机物。

（3）吸湿盒去湿。吸湿盒一般是由氯化钙颗粒作为吸湿物，有的还添加了香精等成分，不仅可以除湿还能去臭、增香。吸湿盒除了可以从超市直接购买外还可以自制，洗衣粉就是很好的吸湿剂，我们可以将干燥的洗衣粉放到用完的吸湿盒里，然后放到潮湿的地方就可以起到除湿的作用了。洗衣粉吸湿结块后还可以用来洗衣服，一点儿也不浪费，而且也不用额外去花钱。

（4）收集干燥剂。平时我们买玩具、小饰物或者食品时，会有一些小干燥包，它们也是很好的吸湿剂，我们可以收集起来，放在潮湿的地方吸潮。

（5）及时清理。当看到衣柜中发霉时，要先将长霉的地方清理干净，一般可以用干的纸巾将其擦净，或者用干刷子进行刷拭，最后还需要在上面刷一遍清漆，这样就能够有效地防止霉菌的再次生长。

家中常见的发霉现象

036

新装修的房子是否可以马上入住?

　　答: 新装修的房子内污染物浓度较高,且湿度较大,不适合马上入住。例如,人造板材中甲醛的释放周期要考虑板材的类别和通风频率等情况,所以难以确定具体的周期。妥帖的办法是根据《室内空气质量标准》(GB/T 18883)的要求先判断室内空气质量是否达标。

新装修房子中污染物

037

购买家具后需要放置多久才能入住？

答： 家具所释放的挥发性有机化合物主要来自所用人工复合板材中的胶黏剂和油漆。前者是甲醛的主要来源，后者是苯系物（包括苯、甲苯、二甲苯）的主要来源。有些人工复合板中的甲醛释放时间很长，比如，十几年前购买的家具，仍然能够释放甲醛。油漆中的苯系物，在通风较好的环境下，一般几个月后，其释放量就会大大下降。购买家具后需要放置多久才能入住，需根据具体情况确定，最好请具有权威资质的检测机构对室内空气质量进行检测，如果达到我国《室内空气质量标准》（GB/T 18883—2002）要求，就可入住了。反之，应采用一些通风、空气净化方法来改善室内空气质量。如果还不能达标，则建议请专家提供解决方案。

038

婴幼儿室内空气质量有特别要求吗?

　　答:幼儿最容易受到室内污染空气的影响。这主要有两方面原因:(1)婴幼儿的身体发育尚未成熟,抵抗能力较弱;(2)婴幼儿的呼吸量(按体重比)比成人要高一半。这些因素大大增加了婴儿受室内空气污染侵害的概率。目前,用来保护成人免受有害环境侵害的规定并不足以保护幼儿。针对这个问题,我国质量检验协会发布了全国幼儿园、学校的室内空气推荐标准(见下表)。这个标准虽然不是强制执行的国家标准,但全国幼儿园、学校都可以使用,家长们也可以把这个标准作为监督孩子所在室内空气质量的参考。

全国幼儿园、学校的室内空气推荐标准

项目	平均时间	分级标准			单位
		一级	二级	三级	
甲醛(HCHO)	1 小时均值	0.03	0.06	0.1	mg/m^3
臭氧(O_3)	1 小时均值	0.05	0.12	0.16	mg/m^3
总挥发性有机化合物(TVOC)	8 小时均值	0.2	0.5	0.6	mg/m^3
$PM_{2.5}$	24 小时均值	15	35	75	$\mu g/m^3$
真菌总数	—	200	500	1000	cfu/m^3
菌落总数	—	500	1000	2500	cfu/m^3
二氧化碳(CO_2)	24 小时均值	0.08	0.09	0.1	%

039

在家里熏醋真能杀菌吗？

　　答：研究表明，空气中醋酸浓度较高时，其杀菌效果比较明显。然而，食用醋中的醋酸浓度本就较低，在家中熏醋时，空气中的醋酸浓度会更低，难以起到杀菌作用。值得注意的是，人的呼吸道黏膜很脆弱，尤其是小孩，其呼吸道黏膜更加娇嫩，醋酸在空气中挥发时，会随着人的呼吸进入呼吸道，引起干、痒等不适症状，醋酸浓度过高还有可能灼伤呼吸道黏膜，引发呼吸道疾病。所以，在家里熏醋并不是一个杀菌的好办法。

040

民间流传的方法，诸如新装修的房间里放柚子皮、洋葱，能去除污染物吗？有科学依据吗？

答：这些方法是没有科学依据的。民间认为将花椒、菠萝、柚子皮、洋葱等放在刚装修完的房间内可以达到净化室内空气的目的。有人认为类似柚子皮等水果皮具有微密小孔，可以起到吸附甲醛的作用。然而，事实并非如此，研究发现，这些材料的吸附量有限，而且水果皮含有大量水分，在放置过程中会使室内湿度增加，造成空间内甲醛浓度值升高。放置这些材料以后，刺激性气味消失了，这是因为清香的味道掩盖或削弱了污染物所带来的异味。不可忽视的是，如果污染物没有消失，那么在这种情况下，人们可能会误以为室内空气良好而不知不觉吸入了有害气体，这个后果是很严重的。

所以，我们应该记住：没有令人不愉悦的味道，并不代表没有污染。

041

病毒在空气中的存活条件和传播方式是什么？

答：一般情况下病毒以气溶胶的形式在空气中流通，其存活需要载体，且存活的时间有限。在有载体的情况下，病毒的存活时间决定于外界的温度和湿度等条件。比如，流感病毒在室温下能存活几个小时，在适宜的低温下（0～4℃）能存活数周。

病毒的传播主要通过以下三种途径：

（1）室外的病毒，可附载在颗粒物上，从窗户进入室内；

（2）滋生在空调、通风系统中的病毒，通过逆风气流在室内传播；

（3）病毒感染者和携带者，打喷嚏或咳嗽时，病毒以飞沫的形式在室内空气中传播。

042

室内空气污染比室外空气污染对人的危害更大吗?

答:据估计,人们 80% 以上的时间会在室内度过,部分人尤其是在室内办公的人群,在室内待的时间超过了全天的 90%,所以这类人群接触室内空气的时间比室外更长。因此,相比室外空气,室内空气质量的优劣更为重要。

043

过敏性鼻炎、哮喘是否与室内空气污染有关?

答:室内空气中存在某些低浓度化学混合物,接触后人不会立即发生急性反应,不过长期接触后,就会变得敏感。这种过度敏感的状况称为"多种化学物质过敏症",一旦患有这种过敏症,之后再接触到微量的类似化学物质或其他污染就会发生急性反应。例如,流行病学研究表明,如果长期暴露于污染的空气中,尤其是交通运输和工业制造所引起的污染,人们会更容易罹患过敏性鼻炎甚至是哮喘等疾病。

044

一些空气净化器会产生少量臭氧，对人体健康有危害吗？

　　答：空气净化器所产生的臭氧要达到一定的浓度才会对人体健康造成伤害。《室内空气质量标准》（GB/T 18883—2002）规定臭氧浓度不能高于 $160\mu g/m^3$。我们所购买的净化器应根据《空气净化器》（GB 18801—2015）中的规定，净化器有害物质释放量应满足《家用和类似用途电器的安全 - 空气净化器的特殊要求》（GB 4706.45—2008）第 32 章和《家用和类似用途电器的抗菌、除菌、净化功能 - 空气净化器的特殊要求》（GB 21551.3—2010）第 4 章中规定的要求。

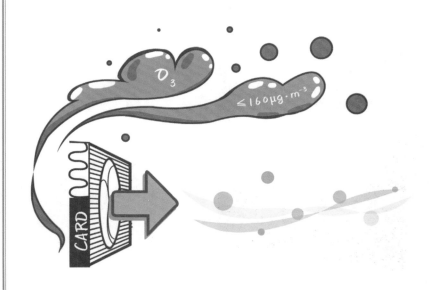

045

家里贴壁纸会带来污染吗？

答：壁纸的污染主要来源于三个方面：一是壁纸本身，二是壁纸黏合剂，三是壁纸受潮发霉。

（1）有的壁纸本身成分不环保

由于原材料、工艺配方等方面的原因，有些壁纸材料可能残留铅、钡、镉、铬、汞、氯乙烯等有害物质，长期暴露在这些污染下，会对人体神经系统和心血管等造成严重伤害。

（2）有的壁纸黏合剂不环保

俗话说："无醛不成胶。"市面出现的打着环保招牌的糯米胶或淀粉胶，也含有部分有害的挥发性物质，如甲醛等，只是含量多与少的问题。通常情况下，胶的黏性与甲醛含量是成正比的，甲醛含量低了，胶的黏性也降低了，所粘贴的壁纸就容易开裂和翘边。所以，壁纸胶水的使用也会带来室内空气污染。

（3）壁纸透气性差，易受潮发霉

通常情况下，粘贴壁纸前需要先刷基膜胶水封闭墙面，以防止由水汽的反复流动所引起的壁纸开胶现象。但是，这样会导致壁纸受潮后，因水分难以及时挥发而发霉，并且装修房子时所产生的有害物质无法排出。

046

胶黏剂会带来污染吗？

答：不合格的胶黏剂中含有多种有毒有害物质，如固化剂、挥发性有机化合物、稀释剂、增塑剂以及其他助剂和填料等，这些物质会经过多种途径进入人体，危害人体健康。

（1）挥发性有机化合物

溶剂型胶黏剂中的易挥发有机溶剂会对室内空气造成严重污染，危害人体健康。如丙烯酸酯乳液中散发出的氨气、三醛胶散发出来的甲醛、丙烯酸酯乳液胶黏剂散发出的未反应单体、不饱和聚酯胶黏剂散发出的苯乙烯、聚氨酯胶黏剂散发出的多异氰酸酯等。

（2）有毒的固化剂、增塑剂

芳香胺类固化剂毒性非常大，有的甚至会引起癌症，如间苯二胺等。增塑剂中的邻苯二甲酸二丁酯、磷酸三甲酚酯和邻苯二甲酸二辛酯也会对人体的健康造成极大危害，吸入过多会导致内分泌失调。

（3）有毒有害的填料

胶黏剂使用的填料品种很多，对环境污染较为严重。例如，棉粉纤维填料品的直径非常小，如果处理不当，这些纤维会扬起，然后通过呼吸道甚至人体的毛细孔侵入人体，并在肺中逐渐积累，可能会诱发肺癌、支气管癌或者间皮瘤等重疾。

（4）有毒有害的助剂

胶黏剂的黏性在很大程度上取决于助剂，这些助剂包括偶氮二异丁腈、二月桂酸二丁基锡等。然而，这些助剂的毒性较大，可对人体造成严重损伤。

047

家具中刺鼻的气味是有害气体吗？

　　答： 一般家具的刺鼻气味是来自甲醛、苯系物。甲醛是一种无色并有刺激性气味的气体，甲醛的主要危害表现为对皮肤黏膜的刺激作用。苯是一种无色、有甜味的透明液体，其挥发性很高，有强烈的芳香气味，毒性较高，是一种致癌物质。

048

使用多年的老家具还会污染室内空气吗？

答：有可能。家具中的有害气体一般包括甲醛和苯系物。甲醛的潜伏期能达到 3 ～ 15 年（与材料、装修工艺和居室温度有关），苯的潜伏期为半年以上，甲苯、二甲苯的潜伏期为 1 年以上。这些污染物在潜伏期间会源源不断地释放出来，很难完全释放。

049

家里没有异味就一定没有污染吗？

答：不一定。室内环境污染物种类复杂，有些污染物是无色、无味的，如一氧化碳、一氧化氮、臭氧等。因此，没有异味并不代表没有污染。事实上，这些没有味道的污染物往往更加危险，例如一氧化碳能够让人不知不觉中毒，严重者可导致死亡；一氧化氮易与氧结合形成二氧化氮，毒性增高 4 ~ 5 倍，可引起肺组织慢性炎症及肺气肿。

此外，刚装修的房子异味较浓，所以人可以通过感觉器官轻易察觉到。但一段时间后，装修材料中的有毒物质开始缓慢释放，且人的嗅觉敏感性随着接触异味时间的变长而变差，慢慢地就会觉得室内污染物"消失了"，但实际上，这些有害气体依然存在，所以家里没有异味并不代表不存在室内空气污染。

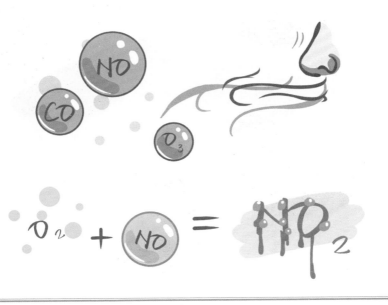

050

不同菜系和烹饪方式产生的空气污染物种类和数量是否存在差异？

答： 存在差异。中国菜的烹饪方式中蒸、煮产生的污染相对较少。但炸、炒、煎、烤等烹饪方式中食用油和食物会因高温裂解而产生大量有害油烟，这类油烟中包含颗粒物、气溶胶、苯并（α）芘等污染物。此外，烹饪所用的燃料也会产生室内污染，如使用木炭和煤炭，就很容易产生颗粒物、一氧化碳、氮氧化物和二氧化硫等污染物。

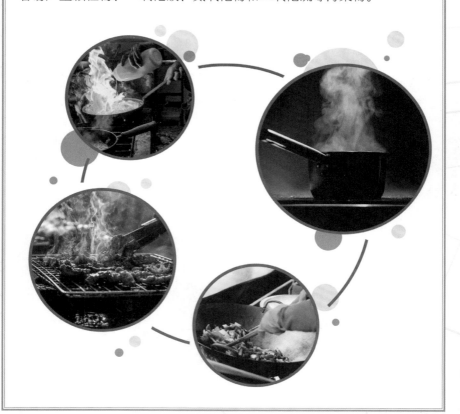

051

吸烟对空气污染的影响有多大？

答： 香烟点燃后所产生的烟雾中含有大量的有害物，如尼古丁、一氧化碳、挥发性醛和细微颗粒物等。这些有害物质会严重污染室内空气，被人体被吸入肺部后，在致癌物和促癌物协同作用下，很有可能导致细胞癌变。

据统计，吸烟者中患肺癌的人数比不吸烟者高 10 倍。吸烟越早，肺癌发生的可能性越高，所以青少年吸烟的危害更大。

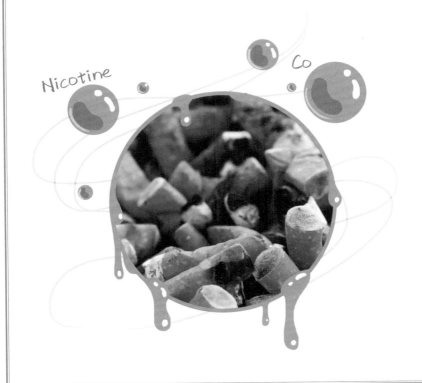

第四章　监测与标准篇

看|不|见|的|室|内|空|气|污|染

052

室内空气检测有必要吗？

答： 科学与事实证明，室内空气的检测是很有必要的，尤其对新装修过的房子和有孕妇、孩子和年老体弱人群的房子更有必要。通常情况下，人们会靠自我感觉来判断室内空气是否被污染，但是这并不一定准确，因为有一些污染物是无色无味的。所以，为了健康，我们必须采用精确可靠的检测仪器，按照相应的卫生标准检验方法进行现场检测或监测，获得科学性的检测数据，才能保障人们的健康安全。

室内空气污染及其危害

053

如何靠感觉简单判断室内空气污染程度?

答:（1）**嗅觉**

如果在门窗紧闭的室内嗅闻到异味，就可直接判定室内有污染物。同时，污染物浓度的高低可通过人体感受到的刺激程度来判断。

（2）**眼睛**

眼睛是否有刺激感。当进入门窗紧闭的室内，眼睛有刺激感时，说明室内有污染。这种刺激越强烈，室内空气污染越严重。

（3）**嗓子**

不吸烟，室内也很少有烟雾，但嗓子经常不舒服，有异物感，呼吸不畅。

短时间甲醛暴露的人体急性刺激反应

人体健康反应	空气甲醛浓度水平（mg/m³）
	范围
嗅阈	0.06 ~ 1.2
眼刺激阈	0.01 ~ 1.9
咽刺激阈	0.1 ~ 3.1
眼睛刺激感	2.5 ~ 3.7
流泪（30min 暴露）	5.0 ~ 6.2
强迫流泪（1h 暴露）	12 ~ 25
危及生命（水肿、炎症、肺炎）	37 ~ 60
死亡	60 ~ 125

054

如何用简单的仪器、仪表评估室内热湿环境及室内空气质量？

答：室内空气环境质量包括室内热湿环境质量和室内空气质量。热湿环境质量主要由温度、湿度等表征，其测量相对简单，一般的简易仪器或仪表就可胜任。但室内空气质量的测量比较困难，这是因为室内污染物种类太多，而每种污染物所适用的测量方法、测量仪器不尽相同。为此，我们可以对污染物进行分类测量，以判断室内空气某一类污染物的浓度。如采用醛类浓度测试仪测量空气中甲醛、乙醛的浓度，用 VOC 测试仪来测量苯系物的浓度；采用颗粒物浓度检测仪可测量室内的 $PM_{2.5}$ 和 PM_{10} 浓度；采用 CO_2 测试仪可检测室内的 CO_2 浓度。值得注意的是，大多数价格低廉的污染物测量仪器都没经过校准，所以仪器所显示的浓度含量并不一定准确，但其显示的污染物浓度高低趋势还是有一定参考意义的。

055

如何判断空气污染检测仪是否准确？

答：生活中使用的空气污染检测仪是否正确，可以通过以下方法来判断：

（1）看看同类仪器在同样环境中的检测结果是否具有一致性；

（2）将仪器放在室外或者干净的环境中，看所测得的浓度与室内相比是否降低；

（3）营造突变的环境，比如吸烟等，看浓度是否会发生剧烈变化；

（4）可与专业检测机构所采用的污染物检测仪进行比对。

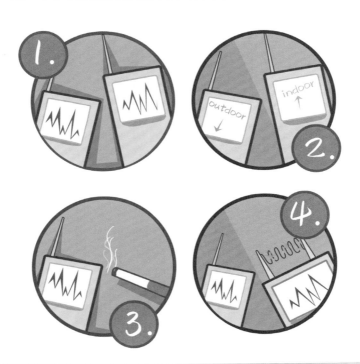

056

有专门的室内空气检测机构吗?

　　答: 有的。依据《中华人民共和国计量法》中相关条款的要求,室内空气质量检测机构必须接受省级及以上人民政府计量行政主管部门的考核。在通过该考核后,检测机构会被授予 CMA 证书(中国计量认证合格证书),该证书具有完全强制性和权威性。因此,权威的检测机构所出具的检测报告必须有如下图所示的 CMA 标记,而且证书编号清晰可辨,这样才能保证检测结果的可信度。

CMA 标志

057

什么叫第三方检测，如何进行第三方检测？

答： 第三方检测 [1] 指两个相互联系的主体之外的某个客体，是由处于买卖利益之外的第三方（如专职监督检验机构），以公平、公正和权威的当事人身份，根据有关法律、标准或合同进行的商品检验、测试等活动。在选择第三方检测机构的时候，应确保该检测机构获得了 CMA 认证，因为只有认证过的机构方可出具有法律效力的报告。为以防万一，在委托检测前我们可要求检测机构出具 CMA 证书和承检能力表。此外，第三方在进行检测时，其检测方法必须符合国家、行业或团体标准，如《室内空气质量标准》（GB/T 18883—2002）。选定具有法律证明的第三方检测机构后，需要根据以下流程进行检测。

接受委托　➡　上门采样　➡　实验室分析　➡　出具检测报告

室内空气检测的基本流程

---

[1]　马志广.唐山市产品质量监督检验所公正性影响因素及对策研究 [D].天津大学,2017.

058

我国有新风系统技术规程吗？居住建筑新风系统应符合哪些规定？

答：有的。如 2018 年 7 月 1 日正式开始实施的《居住建筑新风系统技术规程》（DB11/T 1525—2018）。该技术规程是经北京市质量技术监督局批准，由北京市质量技术监督局联合北京市住房和城乡建设委员会共同发布的。

该规程对新建、改建和扩建居住建筑新风系统的设计、施工验收和运行维护提供了相应的标准和依据。这是全国首个新风行业地方标准，对其他省市的居住建筑新风系统设计、施工、验收和维护也有指导意义。规程中对居住建筑提出了以下明确的要求：

（1）当符合下列情况之一时，居住建筑宜采用分户式新风系统：
①用户对室内空气质量控制要求不同。
②用户对新风系统的控制需求不同。
③既有居住建筑改造设置新风系统。

（2）分户式新风系统设计，应符合下列规定：
①宜优先采用双向流新风系统，并应采用热回收装置。
②对室内不适宜安装风管的居住建筑，可采用壁挂式、立柜式或墙式等无管道新风系统，并应保证气流组织合理和避免噪声。

双向流新风系统

③采用热回收新风系统时，应对热回收装置是否结霜或结露进行核算，并应采取新风预热等防霜冻和凝水排放措施。

④采用单向流新风系统时，宜采用正压新风系统，房间应设置过流口或内门与地面间净空 20 ～ 25mm 的缝隙。

⑤双向流新风系统采用室内公共区集中排风时，房间应设置过流口或内门与地面间净空 20 ～ 25mm 的缝隙。

（3）当符合下列情况之一时，居住建筑可采用集中式新风系统：

①居住建筑采用风机盘管、多联机等集中式空调系统。

②住户对室内空气质量控制需求差异不大，且有统一管理要求。

（4）集中式新风系统设计，应符合下列规定：

①风机应采用变速调节。

②设计新风量取各住户设计新风量之和。

③入户送风管上应装设能严密关闭的阀门。

④户内送风末端管段上宜装设风量调节阀。

⑤应设计机房和风管公共空间，并应设置便于清洗维护的检修口。

排风　　送风

单向流新风系统

059

我国室内空气质量标准与世界卫生组织的标准相比有哪些差异？

　　答： 我国现行的室内空气质量标准是 2002 年由国家卫生部、国家质量监督检验检疫总局和国家环境保护总局联合批准并颁布实施的标准 GB/T 18883。与世界卫生组织 WHO 标准相比，某些标准的要求较低，比如臭氧，GB/T 18883 规定值为 160μg/m³，而 WHO 为 150μg/m³；二氧化氮，GB/T 18883 规定值为 40μg/m³，而 WHO 规定值为 240μg/m³。有些与 WHO 标准基本一样，比如一氧化碳，两者的标准都为 10μg/m³。

　　国家标准《室内空气质量标准》（GB/T 18883—2002）经过 16 年的使用，为我国室内空气质量改善做出巨大贡献，但同时也暴露出不完全符合当前我国室内空气质量控制需要的问题，譬如大众非常关心的细颗粒物（$PM_{2.5}$）及其浓度阈值就未被列入。今年该标准的修订已经启动，由国家卫生健康委员会负责修订工作，相信在不久的将来，该标准修订版就会问世。

060

室内空气质量检测结果超标怎么办？如发生健康危害事件如何维权？

答： 如果室内空气质量检测结果超标，我们应该确定超标污染物的类型和来源，以便有针对性地控制污染源、排除污染物。详细方法请参照本书综合防治篇。

当发生健康事件后，消费者应当走正规途径。首先，收集并保留相关证据，包括权威检测机构出具的室内空气质量检测报告、装修合同、购物发票和详细购物清单等。此外，如果室内空气质量已经对消费者的身体健康造成了影响，那么消费者也应当保留医院的诊断书，诊断内容应与室内空气污染有关。然后，消费者需携带上述材料和证据，向有关责任人提出赔偿要求，如果不能达成一致，消费者可向当地消费者协会进行投诉。如果责任人还是拒绝协商或者推诿责任，那么消费者可以向当地法院提起民事诉讼。

第五章 综合防治篇

看 | 不 | 见 | 的 | 室 | 内 | 空 | 气 | 污 | 染

061 —— （一）源头防控

怎样通过室内气流组织来实现空气从洁净区到污染区的有序流动？

　　答：气流组织的目标是正确地安排室内气流的方向及均匀度，为人们营造一个舒适安全的工作或学习环境。建筑室内的气流组织形式受多个参数的影响，比如：风口的规格、尺寸、数量、安装位置、角度、送回风量、速度与温湿度等。良好的气流组织不仅能够让室内的温度、湿度、速度和洁净度达到工艺要求，还能满足人们对室内环境的要求，促进室内人员的身体健康，提升他们的工作效率。此外，房间气流组织的形式对建筑空调系统的能耗节约也有重大意义。

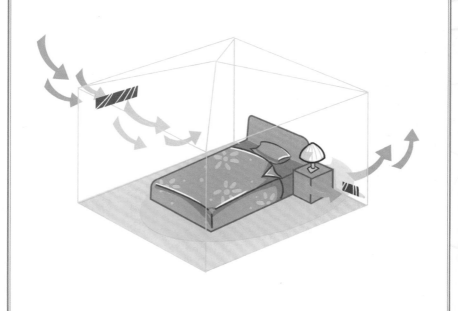

062 —— （一）源头防控

环保装饰装修材料有哪些？

答：按照毒性大小，环保装饰装修材料可分为以下两类：

（1）无毒无害型。某些天然材料，就其本身来讲，并没有毒性或者说毒性极小，经过简单的加工后得到装饰装修成品。如滑石粉、石膏、木材、砂石及某些天然的石材等。

（2）低毒、低排放型。这些材料本身具有一定的毒性，但是，为了减少有毒物质的释放，通常采用一些技术手段来进行控制。因此，这类材料所释放污染物的量较少，对人类健康不构成危险。例如达到国家标准、低甲醛释放量的大芯板、胶合板、纤维板等。

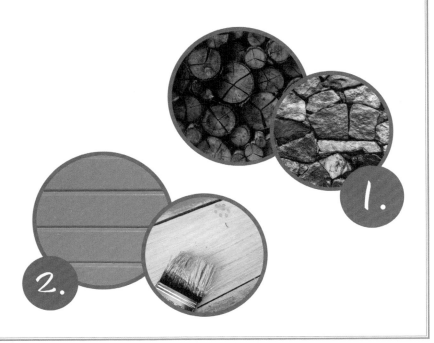

063 —— （一）源头防控

市场上的环保装饰装修材料都能达到环保标准吗，该如何进行鉴别？

答： 室内装饰装修材料是室内污染的重要来源之一，选择环保的装饰装修材料是降低室内污染、保障人体健康的重要手段。由于一些假冒伪劣的装饰装修材料流入市场，扰乱了市场秩序，导致使用者室内空气污染物浓度超标。为了规范环保材料装饰市场，自 2002 年 1 月 1 日起，国家实施了室内装饰装修材料的系列标准，对保障室内空气质量发挥了重要作用。

我们可以通过以下方法来简单判断环保装饰材料是否能达到环保标准：

望： 即看产品说明书是否标明了材料的主要成分，并查明主要成分中是否含有有毒有害物质，以及这些物质的危害性。

闻： 闻材料是否有刺激性气味。在挑选家具的时候，如果家具散发刺激性气味，再便宜也不要购买，特别是木质家具，经常出现甲醛超标问题。一般来说，水性漆家具无毒无刺激气味，使用水性漆涂料，

不仅可以减少喷涂环境的粉尘污染，还能够降低木质家具中有机污染物的排放。商家应向消费者提供《产品说明书》和《检测报告》，并对产品用料进行解释。

问：即询问产品是否经过有关权威机构（质量技术监督局授权的机构）的检测，检测结果是否符合安全标准。市面上许多家具产品都会打上各种绿色环保认证标志，五花八门，难以辨别其真假，建议消费者务必了解相应的环保认证知识，在购买家具前要求商家出示相关的环保证书，仔细确认再作购买打算。以标准要求相对严格，含金量也更高的国家级认证标志为主，如中国环境标志产品（如下图也称"十环认证"）就比较权威，是目前国内最高级别的环保产品认证。许多民间环保认证机构的门槛低，含金量不高，甚至花钱就能买来，消费者要注意辨别。

切：即用手触摸，感觉一下是否有烧灼感，手部皮肤位是否产生红斑。

中国环境标志

064 —— （一）源头防控

符合标准的建材一定不会产生污染吗？

答： 达标材料也有可能残留有害物质，只是有害物质的浓度在规定的标准范围内。另外，一些装饰装修材料如密度板、胶合板等都符合国家标准，但由于室内空间有限，如果装饰装修材料使用量过多，就会造成空气中污染物总量超标。例如，在有限的空间内，用 10 张板材可以达标，但用 20 张板材就不一定能达标。

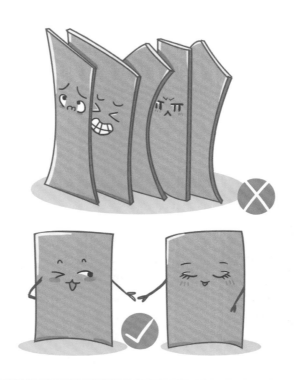

065 —— （一）源头防控

对于装饰装修材料，是否价格越贵就越环保？

答：建材的评价指标体系分为控制性指标、环境影响评价指标、经济指标三类。例如，经济指标中包含科研投入、技术投入、材料费、人工费、机械费、运输费用等，其中任何一项成本的上升都会直接导致装饰装修材料的价格上涨。再比如，装饰装修材料在生产过程中，会对环境产生很大的影响，但其影响却不一定能从价格中体现。所以，"越贵"并不直接对应于"越环保"。

目前，我国绿色建材不论从产量、销量上，还是从品种丰富度上都远低于传统建材产品，且很多人对绿色建材仍持保留态度，因此，绿色建材产品的价格弹性系数偏大。再者，某些不法分子以次充好，欺诈消费者。如有些涂料生产商和销售商将一般性的传统涂料伪装成绿色涂料，非法进入市场，误导和欺诈消费者，严重扰乱市场秩序。

因此，在选择装饰装修材料时，要尽可能地去值得信赖的建材市场，货比三家，了解所需产品的生产工艺，为综合选择提供更多的参考依据。

066 ——（一）源头防控

哪些良好的生活习惯可以减少室内空气污染？

答： 良好的生活习惯能减少室内空气污染，为人们的健康提供更多一层保障。良好的生活习惯主要有：（1）室内经常通风换气。加强通风换气是改善室内空气质量简单而有效的方法，绝大多数污染物都可以通过通风换气来消除，尤其是新装修的房子，应尽可能将窗户、家具和抽屉全部拉开通风，以便于有害气体尽快挥发，待油漆、涂料充分干透后，再搬进新房，这样发生"居室装修综合症"的几率就会降低。（2）健康生活，尽量不吸烟，不做油炸食品。吸烟会产生大量有害气体；高温烹饪，尤其是油炸会产生大量油烟。（3）经常清扫房间，晾晒衣服、被褥，保持居室空气清洁，消除霉菌、细菌、病毒的污染，保证良好的室内居住环境。

067 —— （一）源头防控

勤打扫卫生会不会改善室内空气质量？

答：勤打扫房屋，可以有效改善室内空气质量。在打扫卫生过程中，藏在床铺、沙发中的螨虫和其排泄物会随着打扫时所产生的空气流动而飞扬在空中，所以在打扫卫生时，有条件的家庭最好使用吸尘器，或者尽量用湿的拖把和抹布。此外，打扫时的动作一定要轻。

068 ——（一）源头防控

楼层多高才能使室外颗粒物对室内颗粒物的影响最小？

答：有些人可能听说过楼层中的"9 ～ 11 层"是扬灰层，即颗粒物浓度较大的空间地带，但扬灰层只是一种说法，并未有详实的检测数据支撑。通常情况下，空气所携带的颗粒物会随气流不断迁移，若颗粒物受重力和空气阻力的话，它终究是要落地的，但因空气流动的存在，颗粒物会在一定时间内漂浮在空中，甚至会长期滞留在空中，即使一部分灰尘降落，也会有另一部分灰尘重新扬起。不同的地区、风向以及不同的楼层布局，所产生的气流是不同的，而不同的空气温度和湿度，也影响颗粒物的浓度，所以应该是没有一个确切的答案。但一般来说，大气层高度越高，温度就越低，空气易对流，容易使污染物扩散，空气质量较好些。但当冬季及特殊的气候条件下，气温可能会随高度增加而升高，大气就会出现"逆温层"，逆温层的厚度从几十米到几百米不等，像厚被子一样盖在城市上空，妨碍城市空气污染物的扩散，但逆温层的高度是变化的，并不会固定地停留在一个高度上，所以仅以层高断定"扬灰层"是不准确的。

069 ——（一）源头防控

家具、装饰装修材料、墙纸、窗帘等材料中污染物的去除方法有哪些？

答：（1）**各种材料使用前的检测**

在使用前对材料进行检测，可有效避免后期繁琐的处理过程。通过检测我们可以了解这些材料中有害物质的种类、含量、散发量及控制使用级别等关键信息，有助于更有效地开展有针对性的室内空气污染控制与治理。

（2）**材料使用时对污染物的去除方法**

建议采用如下污染物的控制或治理措施：选用合格的装饰装修材料，并在使用前利用污染物去除剂、封闭剂和降解剂等，对这些装饰装修材料进行涂敷或浸渍，降低有害物质向室内空气中的释放量，进而获得较好的室内环境污染物控制与治理效果。

070 —— （一）源头防控

室内装饰装修后空气污染有哪些净化治理措施？

答：室内装饰装修工程是建设现代住宅和办公建筑物不可或缺的重要组成部分，工程中所采用的建筑材料和装饰装修材料主要用来保护建筑物的主体结构、完善建筑物的使用功能和美化建筑物。这些材料会释放出氡、甲醛、苯和氨等污染物，造成室内空气污染，为了保护人体健康，必须对装饰装修后的房屋进行净化治理。

可依据污染物浓度高低划分为轻度污染（浓度超标＜2倍）、中度污染（超标2～5倍）、重度污染（超标＞5倍），选用适当的净化治理方法进行治理。

轻度污染：应优先采用自然通风，用室外新鲜空气将室内装饰装修产生的甲醛、苯、甲苯、二甲苯等VOCs气体污染物排至室外，这是排除室内装饰装修污染最简便、成本最低的方法。

中度污染和重度污染可采用以下具体措施：

（1）**涂刷净化液**

根据室内空气检测报告，分析室内污染物的种类，找出室内污染源。根据污染源的散发部位，确定净化方法，选用相应的净化液进行涂敷。

一般对室内自然光和照明条件较好的室内空间，如墙壁、顶棚板

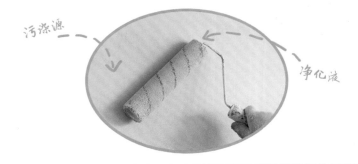

等部位，适合选择光催化喷涂液；而各种橱柜内部，室内自然光和照明灯不能直接照射到的部位，适合用甲醛去除剂、植物提取液进行喷涂；对人员密集的公共场所，可选用植物精油类植物提取液进行喷涂。

（2）吸附剂净化法

根据室内空气中污染物的特点，选择相应的吸附剂，将吸附剂放置在室内人员经常停留的位置，如工作台，沙发、床头柜、各种橱柜内等不同部位，吸附去除散发到空气中的污染物。

（3）空气净化器净化法

某些室内环境在特殊情况下不能通过自然通风来净化，此时，我们可根据室内体积的大小，选择合适的空气净化器来实现。用于住宅的空气净化器，应具有较高的甲醛、VOCs、粉尘颗粒物和细菌处理能力；用于大型办公楼室内的空气净化器，还应有处理无机污染物的能力，且通风量和净化量比住宅用净化器要高；用于大型超市、百货大楼和大型办公楼等场所的空气净化器，应同时具有净化和换气双重功能，对引入的新风和部分回风进行净化处理，最大限度地减小空气中的污染物。

071 ——（一）源头防控

如何选择合适的吸附剂净化室内空气污染物？

答：（1）吸附对象

吸附剂（如活性炭等）应针对不同的气体进行选择性的吸附，这样才能达到较佳的净化效果。比如，吸附剂可以吸附甲醛，也可以吸附二氧化碳，如果二氧化碳的浓度过高，那么吸附剂除甲醛的效果就会大大减弱。

（2）吸附容量

吸附容量[1]是指在一定温度下，对于一定的吸附质浓度，单位质量（或体积）的吸附剂所能吸附的最大吸附质（如甲醛）的质量。吸附容量是判断吸附剂好坏的一个重要指标，通常情况下，吸附剂的吸附容量越大越好。吸附容量大小的影响因素很多，它包括吸附剂的比表面积、孔隙率和孔径分布。好的吸附剂通常具有巨大的比表面积和较高的孔隙率，只有这样，才能为吸附质提供更多的接触位点。

---

[1] 宋夫交．胺修饰钛基材料的合成、表征及其 CO_2 吸附性能的研究 [D]. 南京理工大学，2013.

（3）**抗损耗性**

吸附剂是在湿度、温度和压力条件变化的情况下工作的，这就要求吸附剂具有足够的机械强度和热稳定性，此外，还要求吸附剂有较高的化学稳定性。

（4）**流体接触性**

吸附剂以颗粒度适中且均匀为益。用作吸附柱填料时，若吸附剂的颗粒太大，就会造成气路短路和气流分布不均，且气体在吸附柱停留时间短，严重影响吸附剂的吸附效果。如果颗粒太小，吸附柱内的填料就会比较致密，导致气体难以通过。

（5）**经济性**

吸附剂的经济性是消费者需要考虑的另外一个问题。性价比较高的吸附剂通常可以有效再生，如活性炭。活性炭是一种性价比较高的吸附剂，其吸附效果不仅比较好，而且可以通过晾晒等简单操作进行吸附性能再生。

072 —— （一）源头防控

新型室内空气净化剂有哪些？

答：（1）新型净化材料

活性炭纤维、竹炭、纳米金属氧化剂、光催化材料及涂敷材料等。

（2）植物活性提取液

主要包括植物提取液多酚、茶叶提取液茶多酚、中草药提取液、模拟酶等。

植物提取液多酚是分子中具有多个羟基的酚类植物成分的总称，是植物体内的复杂酚类次生代谢产物，具有多元酚结构，主要存在于植物体的皮、根、叶、壳和果肉中。它具有多重环境净化功能，如杀菌、除臭、净化空气中的甲醛和 VOCs 等。

茶多酚是茶叶中的儿茶素类、丙酮类、酚酸类和花色类化合物的总称。它具有很强的消除有害自由基的作用，可以杀菌灭菌、消除放射性污染物、吸附铅等重金属、去除空气中的甲醛和臭味气体。

中草药植物提取液不但含有丰富的有机酸，还含有烯键、醛、酮及环氧烷烃基团、烯烃基团。这些活性基团，在去除室内空气中甲醛、VOC 等污染物以及杀菌等方面发挥着重要作用。

073 —— （一）源头防控

怎样判断活性炭之类的吸附剂是否失效？

答：活性炭的吸附有效性直接影响过滤效果。一定量的活性炭的吸附能力是有限的，当活性炭过滤器运行一段时间后，活性炭就会达到吸附饱和状态而失去进一步吸附污染物的能力。此时，我们可通过专业空气质量检测仪器来检测过滤后的空气中污染物浓度，如果浓度降低，说明吸附剂还可以使用，否则就需要进行再生。但是，普通家用条件下，这种测试还是比较困难的。所以，普通用户可根据室内污染物情况来判断吸附剂的再生频率。比如，新装修的房子，室内污染物浓度较高，此时我们应尽可能频繁地将使用后的活性炭放在有光照和空气流通性好的室外进行再生。

074 ——（一）源头防控

室内除甲醛的方法有哪些？

答：（1）物理吸附法

利用吸附材料对甲醛进行吸附，这些吸附材料有活性炭、活性炭纤维、竹炭等材料。

（2）化学法

利用某些材料与甲醛之间的化学反应去除甲醛，如络合、氧化和分解反应等。这些材料包括植物中的提取液、模拟生态酶、金属氧化物、二氧化氯(漂白粉有效成分)、臭氧以及各种有效的甲醛捕捉剂(如苯酚、间苯二酚、三聚氰胺、聚乙烯醇等）。

（3）其他技术

一些新型技术，如光催化、低温等离子体等。这些方法的有效性都需要经过《室内空气净化产品净化效果测定方法》（QB/T 2761—2006）等相关标准的评价，且产品性能符合各项技术指标后方可推向市场。

075 ——（一）源头防控

市面上室内除醛除苯的服务真的可信吗？

　　答：近些年，随着人们环保意识的增强，越来越多的人开始关注室内环境问题，除醛除苯的服务应运而生。消费者如有此类服务需求时，务必要选择那些经过相关部门认定的具有正规资质的公司。此外，消费者还需要注意以下几个方面：

　　（1）空气净化施工资质：企业是否拥有国家颁布的空气净化施工资质以及针对员工专业技能的资质证书，如"室内车内空气质量检测技术岗位证书""室内车内环境污染治理和评价技术岗位证书"等。

　　（2）产品生产信息是否完整：产品标签是否详细标注执行标准、卫生许可证、生产许可证等生产信息。

　　（3）除醛除苯性能：能否快速降低室内甲醛和苯的浓度，是评判产品性能的重要指标。权威机构出具的《产品除醛性能测试》《产品效果及持续作用年限测试》等除醛除苯性能测试报告是评定产品性能好坏的一个重要佐证。

　　（4）产品性能测试报告是否完整：真正能够安全、高效、持久清除甲醛的产品，应具有对应的产品性能测试报告。

076 —— （一）源头防控

如何控制厨房和卫生间的污染传播？

答： **（1）厨房污染传播控制**

烹饪方面，采用科学的烹饪方法和技术，尽量减少煎、炸等油烟产生量高的烹饪方法。

处理方法：安装抽油烟机等通风系统，是降低厨房污染最有效的方法，能够显著减少烹饪源颗粒物对人体的影响，有助于营造健康、清洁的厨房环境。

（2）卫生间污染传播控制

现有卫生间一般均设置排气扇等机械排风系统，可将卫生间内污染物抽离至室外。另外，高层建筑还可以自上而下地设置通风竖井，将卫生间抽离的污浊空气通过竖井排出建筑。此外，设置机械排放系统还有一个好处就是家中其他房间（如客厅、卧室等）的空气均会在抽力的作用下向卫生间补充，而卫生间内的污染空气则难以流向其他房间，这样就有效避免了卫生间污染物的传播。

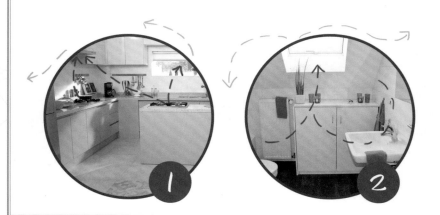

077 ——（二）新风系统

现代建筑为什么要通新风？

答：现代建筑尤其是节能建筑的密封性较好，室内空气难以与室外新鲜空气进行有效的交换，这种现象导致室内空气中的污染物浓度升高，空气质量变差。在这种环境下，人体会感到不适，产生恶心、头痛、发热等症状。通新风是提高室内空气质量最直接有效的方式，此法可快速有效地"赶走"污浊空气，让人们身心舒畅。

078 —— （二）新风系统

什么时候要选择强制通风？

答： 装修后：刚装修或装修后不久的房子，室内的污染物如甲醛、苯等含量较高。

起床后：卧室的空间相对比较封闭，通过一整夜的呼吸，积累了很多二氧化碳。此外，起床后，在收拾被褥的过程中，尘螨、皮屑等细小的污染物还会漂浮在空中。

做饭时：做饭的时候厨房会产生大量油烟，其中有很多种有害物质。而且，煤气、天然气在不充分燃烧时还会释放出一氧化碳等有害气体。

洗完澡：洗澡后卫生间里湿度很大，容易引起细菌滋生。

睡觉前：晚上睡前可先开窗通风，增加空气中的氧气，有利于睡眠，但前提是室外空气质量良好。

079 ——(二）新风系统

保障新风质量的常用方法有哪些？

答：要想保证新风质量，需要一套适宜其建筑环境特点的设备，如新风机组、空气净化器或湿度调节器等。这些设备应具有净化、过滤、杀菌、加热、冷却、加湿、除湿等功能中的几种。

080 —— （二）新风系统

哪些场合适合用新风系统？

答：新风系统适用于人员长时间活动或者通风不畅的地方。具体场合如下：

（1）**家庭**

客厅：这是进行家庭聚会、招待客人的重要场所；

卧室：人每天的睡眠时间 8 小时左右，清新空气能保证睡眠质量；

儿童房：儿童房易产生污垢，且儿童免疫力弱，更需要高品质的空气；

厨房：烹饪油烟、食材腐败产生的生物气溶胶，需要新鲜空气来还原健康卫生环境；

书房：新鲜空气有益于醒脑提神，提高工作效率；

新房：甲醛及苯等有机污染物较多，危害较大，需要进行及时处理。

（2）**办公楼**

办公室是人员密集的场所，加上中央空调的使用，管道中存在常年积累的细菌、病毒等。

（3）学校

教室学生密集，人体代谢污染物含量较多。同时教室内的氧含量较低，学生大脑容易缺氧，上课注意力易不集中，昏昏欲睡，影响学习和身体健康。

（4）宾馆、酒店

客人入住酒店都会优先挑选空气质量好的房间，所以有新风系统的房间已经成为了酒店在同行业中的竞争优势。

（5）医院

医院的空气中存有大量的病毒、细菌，空气质量较差。如果防护不当，人们很有可能被传染上其他疾病。因此，需要安装新风系统来避免这种问题的发生。

（6）银行

银行的房间相对密闭，钱币携带着的病毒、细菌，易在空气中积累，影响人员健康，需要安装新风系统。

081 ——（二）新风系统

开窗换气与新风系统，哪一种方式好？

答：开窗换气和新风系统都可以从室外引入新鲜空气，同时将室内污浊的气体排出，改善室内空气质量。开窗换气有被动的一面，大气状况良好时，开窗换气不仅能提供新鲜空气，还能将室内甲醛、VOC 等排出室外，使室内空气质量满足卫生要求。但是，当室外空气质量较差时，如室外 $PM_{2.5}$ 超标，开窗换气就不适用了。新风系统不仅能对封闭的房间进行通风换气，实时提供新鲜空气，并且能有效组织室内空气流动路径，使室外的空气经过滤后送入室内，污浊的空气有组织地排到室外。但需要注意的是，新风系统在长期运行后，其滤网会被污染，严重时会被堵塞，产生能耗增大、细菌滋生等问题。因此，新风系统需要及时清理或者更换组件。

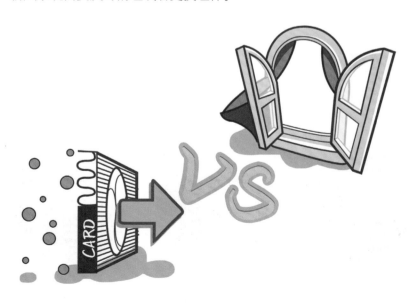

082 ——（二）新风系统

新风量该如何确定？

答：我国民用建筑的新风量通常根据 CO_2 的浓度来确定。采用此法来计算所需要新风量的基础是质量平衡，具体计算方法如下：

$$Q = \frac{G}{(C_i - C_0) \cdot E_v}$$

式中　Q——新风量（mg/L）；

G——总扩散率（mg/s）；

C_i——浓度限值（mg/L）；

C_0——室外空气中的浓度（mg/L）；

E_v——通风效率。

一间房子中，要使二氧化碳的浓度限制在《室内空气质量标准》（GB/T 18883—2002）要求的 0.1%，每个人每天必须要有 $720m^3$ 的新鲜空气。

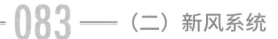

083 ——（二）新风系统 ——

新风系统在使用过程中需要如何保养？

答： 为使新风系统能够更有效地实现通风换气，保障室内空气质量。我们不仅要关注新风系统净化空气的能力，还要考虑新风系统的维护保养和使用寿命。正常来说，新风系统的使用寿命在 10 到 15 年之间，但是新风系统的使用年限会因不同新风品牌、所使用的配件和技术的不同而有所差异。新风系统在使用过程中应如何保养和维护？

（1）避免频繁地启、停

频繁启、停会增加设备的能耗，对设备造成很大的负担，还可能损坏设备的启动装置和其他部件，影响新风系统的使用寿命。

（2）定时维护

新风系统运行一定时间后，送风口和回风口及管道会积存一些灰尘，久而久之就会滋生细菌，影响整个送风的空气质量。我们可以参照下表进行检查和清洗。

新风系统需要经常检查和清洗的部位

检查部位	主要问题及污染物
室外空气吸入口	附近微生物源（即植被残骸、羽毛和鸟粪、昆虫、啮齿动物）；卫生间的通风管道、冷却塔、蒸发冷凝设备、雨水管、室外空气吸入口等位置的污垢
污染源	周围环境的污染物及相关因素
过滤器	潮湿；过滤器上微生物生长；过滤器裂缝处的污垢
热交换器	供热、冷却盘管上的污垢；冷凝盘有多余的水，积水盘排污不充分；盘管下部表面有水滴滴落；消声器潮湿且有微生物生长；性能较差的空气加湿器；加湿器中有水积存
送风风道	表面过多积灰、潮湿与表面微生物生长
散流器	天窗上表面积灰、生锈或微生物生长；顶棚板和墙壁污垢积存；空气混合不均

（3）更换清洗滤芯

全热交换器芯体和高效净化空气的滤芯是新风系统中常用的配件。

这些配件在使用一段时间后，它们的净化效率会因空气中污染物的富集而明显降低，时间久了它们甚至可能成为新的污染源。因此，应对这些滤芯进行及时清理或更换。

（4）检查管道气密性

新风系统长期运行后，管路接口位置的胶黏剂很可能已经老化，从而出现漏风现象。这不仅会影响新风系统的净化效率，还可能将污浊空气带入室内，降低室内空气质量。

（5）检查主机连线和控制面板

要不定期地检查新风系统的线路和控制面板，看看是否有线路老化、接口松动、面板积灰问题，避免安全事故的发生。

084 ── （二）新风系统

如何根据具体需求选择新风系统？

答： 新风系统就是一个"换气系统"，由于现代住宅密闭性较好，在长时间关窗的情况下室内空气质量下降，所以需要新风系统把外面的新鲜空气换到屋子里来，把屋内的废气以及污染物排出去。考虑到室外雾霾污染，很多新风系统都会附有净化空气的模块。新风系统的通风排风，靠的是风机；过滤净化，靠的是滤网；节能和调节空气温湿度，靠的是全热交换器。

单向流的新风系统没有能量回收部分，结构也简单得多，适用于室内外温差较小的地区。此外，还有立柜式、壁挂式的新风机，不用风管，安装简单，适合原有建筑改造使用。还有将新风机功能和空气净化器功能相结合的，可以关闭室外进风，使用内循环的新风净化机，比较适合一般家庭使用。

全热交换新风机，不仅能够进行进风和排风，还能在这个过程中进行能量回收。该新风机在将室内空气排出之前，对室内空气中包含的热能进行重新回收利用，然后将这些能量通过新输入的室外空气输送至室内。这样，新风机在进行换气的时候，室内的温度和湿度就不会有太大的变化，是现在家用新风机使用较多的类型。

085 —— （三）末端治理

空气净化器对改善室内空气质量有什么作用？

　　答：空气净化器在一定程度上能够起到改善室内空气质量的作用。空气净化器一般是内循环净化系统，它能够过滤掉空气净化器周边一定范围内的漂浮物，如：微小颗粒尘埃，甚至细菌、病毒等，然后将净化过的空气再释放到室内。现在，市面上的空气净化器基本上都是多级净化器。一般情况下，第一层是用来拦阻大颗粒物，第二层采用高效过滤网来除去小颗粒，第三层是活性炭吸附层，最后再采用紫外光进行光催化降解有机物。但是，消费者所购买的空气净化器往往达不到产品说明书中所描述的效果，这是因为厂家在进行产品测试时所在的环境往往是经过精密控制的，而用户在实际使用时的环境相对复杂。

　　目前，国内针对空气净化器的净化效果没有统一的标准，消费者需要根据自己的需求来进行购买。比如，在 $PM_{2.5}$ 污染严重的地方所选的空气净化器就应该配有高效过滤层；在实验室等挥发性有机物含量较多的地方，就应该配备催化层。总体来讲，空气净化器是有一定净化效果的，只是净化效果到底有多大比较难衡量。

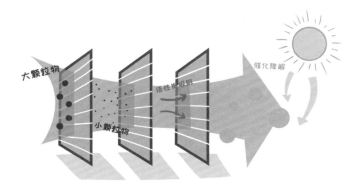

086 —— （三）末端治理

空气净化器的技术有哪几类？

答：空气净化器中的技术原理主要可分为机械、物理和化学三大类，具体技术如下：

（1）过滤技术

过滤是指通过孔道的筛分作用将颗粒物进行截留。过滤分为多个等级：粗过滤、中效过滤和高效过滤。目前，高效过滤（HEPA）较为常用，其主要包括合成纤维、微孔滤膜、多孔玻璃和多孔陶瓷等。高效过滤的缺点是，孔道较小，很容易被颗粒堵塞，引起送风量下降、能耗增大等问题。

（2）负离子技术

在较高电压下，加热式电晕和导电纤维发射电极可产生负离子。负离子可以与空气中的细微颗粒结合为较大带电体，然后这些带电体在电场作用下发生沉降。同时，负离子可以使空气中的细菌等微生物的细胞表层的电性发生变化，从而将它们杀死。负离子技术会产生臭氧，所以使用该技术后要及时通风。此外，该技术所用设备要有较好的密封性，因为沉降的颗粒在高电压下可能再次扬起，造成二次污染。

（3）低温等离子体技术

低温等离子体技术需要利用高压或者高频脉冲放电来产生。该技术产生的等离子体中富有高能离子、电子激发态粒子等离子碎片。当这些离子碎片接触到有毒有害气体分子后，会在常温、常压下将其分解为小分子气体，如二氧化碳和水等。值得注意的是，该技术会产生一些有害气体，如臭氧、一氧化碳和氮氧化物等。

（4）光催化净化技术

光催化剂在紫外线或可见光照射下，接受能量后，会激发出具有强还原性的电子和强氧化性的空穴。当电子或空穴与污染物接触后，就会将其还原为无毒物质或者氧化分解成为二氧化碳和水。目前，有类似光催化涂料和光催化空气净化器。光催化技术有一个缺点，大部分光催化剂需要紫外光线。众所周知，低强度的紫外线可以杀菌，但是如果照射时间过长后，对人体正常细胞的损伤也是非常大的。所以，在采用光催化技术时应尽量避免人员在场。

（5）吸附技术

吸附技术是一种利用具有吸附能力的材料来去除空气中污染物的技术。该技术所采用的吸附材料包括活性炭、分子筛、活性炭纤维等，吸附技术可分为物理吸附和化学吸附。物理吸附是可逆吸附，在外界条件（如湿度、温度和环境中污染物浓度）改变时，被吸附的污染物会重新脱离吸附剂回到空气中。所以，采用物理吸附法时要经常把吸附剂放在室外进行晾晒，这样既能实现吸附剂的再生，还不会污染室内空气。化学吸附通常是不可逆的，依靠材料表面的活性基团与污染物之间的化学反应来实现污染物的脱除。相对物理吸附，化学吸附往往具有针对性且吸附效果更好。比如针对甲醛的吸附剂可有效去除甲醛，而对其他污染物的处理效果不大。

（6）生物工程技术

该技术是将一些具有处理污染物能力的生物填装在多孔载体上，形成具有净化能力的生物膜。当污染物与此生物膜接触后，就会被生物降解为无毒无害的二氧化碳和水。该技术必须通过筛选、驯化和繁育等步骤，才能获得高处理能力的菌株。

087 —— （三）末端治理

市面上空气净化器种类繁多，应如何选购？

答：首先，要看空气净化器所输出的洁净空气总量，即 CADR 值。CADR 数值越高，则表示空气净化器的净化效能越高。形象点儿说，空气净化器就像一个跑步运动员，这个数值越高代表他跑得越快。二看累积空气净化总量，即 CCM 值，代表净化污染物能力高低，或者说是评判空气净化器 CADR 值耐久性的指标，即随着空气净化器的使用，当 CADR 值衰减至初始值 50% 的时候，积累污染物的总质量。同理，还是这个跑步运动员，这个数值越高代表他跑得越久。三看能效等级，目前存在合格级和高效级两类。我们应当优先选择高效级，因为在额定的状态下，高效级空气净化器在单位功耗产生的洁净空气量要比合格级的多，且质量更优。更为重要的是，高效级空气净化器能够实现节能减排。四看噪声，空气净化器的风速越大，相应的噪声也越大。在不降低效率和品质的情况下，空气净化器所产生的噪声越低越好。总之，如果要量化空气净化器的效果好坏，看以上四个指标即可，即"三高一低"。

088 ——（三）末端治理

空气净化器使用寿命有多长？过滤式空气净化器使用多长时间后才需要更换滤材？

答：空气净化器的使用寿命包括机器的使用寿命和滤网的使用寿命。空气净化器机器本身的使用寿命一般都超过 5 年。但是，空气净化器内滤网的使用寿命就短得多，通常厂商都会推荐一个更换周期（约 3 ~ 12 个月），该周期仅是一个参考值，用户还需要根据自己使用的实际情况决定是否更换。一种常用的方法：通过空气净化器上显示的 $PM_{2.5}$ 浓度决定，看空气净化器运行时 $PM_{2.5}$ 的浓度是否会下降，当其浓度没有变化时就需要进行更换。高档的空气净化器会记录用户的使用偏好（习惯）和使用环境，自动预测更换 / 维护滤网的时间，或者通过先进传感器，检测出滤材的实际寿命。至于其提示是否准确，与传感器的精度和算法有关系。但厂家对此类传感器一般都会留有一定余量，用户可根据此类提示进行更换。如若发现滤网不能清洁干净或正常使用条件下存在异味等情况，应立即更换。

089 —— （三）末端治理

净化室内空气除了应用空气净化器外，有没有更经济、易操作的方法？

答：空气净化器是实现空气净化最直接、最便捷的机器，质量合格的空气净化器可以有效去除室内细菌、真菌、病菌、二手烟、甲醛、TVOC、苯、氨、油烟、花粉等污染物。除了空气净化器外，还有以下三种更经济、易操作的方式。

开窗通风法：相比其他方法，开窗通风更为经济、易操作，尤其是房屋装修结束后的初期，污染物释放量最大，打开窗户，室内空气对流速度加快，室内空气中有毒、有害物质挥发得也快。但是这种方法仅局限于室外空气质量优于室内空气质量时才有效，如雾霾天开窗可能会使室内空气质量更加糟糕。因此，可以通过实时监测室内外的空气质量，在空气质量最佳时段开窗通风，达到净化室内空气的效果。

吸附法：吸附法主要采用分子筛、沸石、活性炭、活性炭纤维等具有多孔结构的高比表面积材料。吸附材料可有效吸收室内空气中的挥发性有机物，如甲醛、苯、二甲苯等。值得注意的是，吸附剂只是将污染物富集在吸附剂内，而非将污染物分解。因此，吸附剂需要进行频繁的脱附再生。通常我们可以将吸附剂在室外放置一定时间，最好在通风和有光照的天气下进行晾晒。

生物方法：生物法的操作也是非常简单的。我们可选用一些有空气净化能力的植物，将其摆放在污染物浓度较高的房间，可有效提高空气质量。但是，植物去除有机物所需的周期较长，且净化不彻底，如果想要快速脱除污染物，生物法只能起辅助作用。此外，某些植物是有一定毒性的，比如，滴水观音的汁液是有毒的，如果误食，就会出现胃痛、呕吐等不适症状。因此，采用植物法不能盲目选择，应根据其安全性和净化效果来综合选取。

090 —— （三）末端治理

哪种净化技术对细颗粒物净化效果最好？

答：细颗粒物（$PM_{2.5}$）的去除主要有以下几种技术：

机械过滤：通常依靠碰撞沉积和筛分效应两种方式来实现。想要获得较好的筛分效果，其滤网的孔道尺寸必须足够小，但这会增大风阻，增加能耗。碰撞沉积很容易将孔道尺寸较小的滤网堵塞，从而缩短滤网的使用寿命。

高压静电集尘：利用高压静电场使气体电离产生自由电荷，随后，这部分电荷迁移到尘粒上；带电的尘粒在静电引力作用下被富集到电极上。该方法具有风阻小、对小颗粒物去除效果好的优点，缺点是其对较大颗粒和纤维的捕集效果差，且清洗麻烦。此外，因运行电压较高，很容易产生臭氧，形成室内空气的二次污染。

静电驻极式滤网：主要通过驻极体材料与颗粒间的静电引力作用来去除 $PM_{2.5}$。该方法所用的驻极体通常是能够长期储存空间电荷或偶极电荷的材料。相比高压静电集尘技术，该技术不需要外接高压，也不会产生二次污染，并且所用的材料可进行清洗再生。

总之，净化 $PM_{2.5}$ 方法很多，但是哪一种净化效果最好，还要根据具体应用情况来进行判断。

091 —— （三）末端治理

绿植对改善室内空气质量的效果有多大？室内如何选择绿色植物？

答：室内绿植不仅可以给人们带来愉悦感，还能在一定程度上降低室内污染物的浓度。这是因为绿植可通过茎叶表面的微孔道吸附空气中有毒有害的污染物、细小的浮尘和其他污染物。植物吸收这些污染物后，会将其作为养料，在体内进行转化，并为己所用。此外，植物根部所共生的细菌和微生物也可以将植物吸收的污染物无害化、营养化。有研究表明，芦荟在有光照的条件下，可有效吸收室内甲醛。

植物对室内空气净化具有一定的效果，但是并不是所有的植物都适合用来净化空气。面对种类繁多的室内空气净化植物，我们应该慎重选择。然而，我们通常会选择净化效果好的植物，忽略了其对人体潜在的威胁。有些植物具有一定的毒性，如绿萝和滴水观音的汁液都有一定毒性，当被人误食或被敏感人群接触后，就会使人产生胃痛、恶心、皮肤过敏等症状。对有孩子和宠物的家庭来讲，要时刻防范这些直接接触式的威胁。此外，有些植物所散发出来的香味对人体也有一定影响，如果将其放在卧室，很有可能让人产生失眠、焦躁等症状。因此，我们可以养殖一些植物来净化室内空气，但是一定要知道所养植物是否具有净化室内空气的作用，会不会给我们带来一些未知的危害。

092 ——（三）末端治理

室内空调的窗机、挂机、柜机、多联机都有哪些区别，各适用于哪些地方？

　　答：窗机空调是一体机，压缩机和蒸发器都在一个箱体内，因此噪声较大，且窗机送风不均匀、制冷慢、能耗大，但其成本较低，安装方便，不容易出现泄漏故障。挂机是将空调的两个换热器分别置于室内和室外，将位于室内的空调器挂在墙壁上，占地小，经济实惠，适用于面积较小的房间。柜式空调是分体式空调的一种，普遍用于家庭及小型办公室，柜式空调的功率较大，有较强的出风，一般适用在较大面积的居室或人员较多的场合，当然它的价格起点也相对要高出许多。多联机中央空调是户用中央空调的一个类型，通常利用一台室外风冷换热机带动多台室内机。目前，多联机系统多用在中小型建筑中。

093 ——（三）末端治理

冷暖空调会对室内空气质量造成怎样的影响？

答：首先，在温度偏高的夏天，若此时室内湿度较大，且空气露点温度较高，那么当送风温度低于房间内的空气露点温度时，空调出风口就会结露凝水。冷暖空调在结露状态下长时间工作后，如不及时进行清理，空调就会发霉，滋生霉菌。其次，一般冷暖空调运行时，用户为了节能会紧闭门窗，使得空调房间无新风引入，室内污染物不易扩散，人体代谢产物在空气累积，使得空气恶化，空气质量下降。

此外，在空气寒冷干燥的冬天，冷暖空调运行时会造成室内空气干燥，在此环境下人体肌肤中水分会流失，人体会出现口腔、鼻子和皮肤干燥，嘴唇上火，健忘易困等症状，有哮喘、咽炎等呼吸道疾病的患者在此环境下出现上述症状的可能性更大。干燥的空气也会使空气中的灰尘、悬浮颗粒物飘浮增多，这些颗粒物所夹带的细菌和病毒会对老人、幼儿等身体抵抗力较弱的人群造成伤害。

094 —— （三）末端治理

如何高效利用自然通风改善室内空气质量？

答： 在室外空气质量等级较优（室外污染小）以及温度、湿度合适的情况下，可通过开窗、开门等自然通风方式改善室内空气质量。充分利用室内外条件，如建筑周围环境、建筑构造如中庭、太阳辐射、气候、室内热源等来组织和诱导自然通风。如 9 月开窗通风就是一个典型的自然通风。一天的温度一般在下午 2 点左右最高，所以开窗的时间可以是早上 8 点开窗，11 点左右关窗，晚上 8 点后再次开窗。

可以采用各种手段强化自然通风的通风强度（实际就是风量大小）。如希望走廊有更大的风量，可以考虑结合城市主导风向，形成"穿堂风"。如果希望尽可能排除高大空间余热，可以考虑依据"烟囱效应"设置中庭等。要重视空气在建筑内的运动线路，也就是气流组织，让室外进入室内的干净空气首先经过人，而不是先经过污染源（如厕所）再经过人。同时注意结合自然通风的气流运动方向，避免气流不畅。

095 —— （三）末端治理

什么情况下要考虑设置机械通风？

答：（1）体量较大、进深较长的建筑。某些生产车间、厂房、大型商场、办公楼及超市的空间较大，人流量较多，新鲜空气难以进入或进入量不能满足人们对新鲜空气的需求。

（2）有特殊要求，必须设置机械通风或机械补风的房间，如汽车库、柴油发电机房和地下室制冷机房等。

（3）建筑物级别较高的卫生间最好设置机械通风设施。

（4）对空气流向或使用功能上有要求的房间，如有些酒店下设餐厅区、高层为住宿区，必须处理好排风与补风的相对关系，房间内应始终保持负压状态；实验室等易产生具有危害性气体的空间，应确保新鲜气流首先流过人员停留区间，然后再经过有害气体较多的区域。

此外，在医院、学校等人员密集又有可能产生交叉感染的公共场所，也必须安装有效的通风换气系统。

096 —— （三）末端治理

机械通风改善室内空气质量的方法有哪些？

答：机械通风[1]指依靠风机提供的风压、风量，通过管道和送、排风口系统，有效地将室外新鲜空气或经过处理的空气送到建筑物的任何工作场所，排出建筑物内受到污染的空气，或者将其送至净化装置处理合格后再予排放。

机械通风分为全面通风和局部通风。前者是对整个房间进行通风换气，如地下停车场通风系统、家用新风机组；后者是指利用局部气流，使局部地点不受污染，形成良好的空气环境，例如排气扇和抽油烟机。全面通风和局部通风可有效改善室内空气质量，形成良好的室内空气环境。

---

[1] 王新宇，柴永艳.浅谈工业厂房的通风设计[J]，山西建筑，37（2011）124-125.

097 —— （三）末端治理

在室外连续雾霾天的情况下，应该如何改善室内空气质量？

答：在雾霾天情况下，采用自然通风措施不但不能提高室内空气质量，反而会使室内空气质量恶化。此时，我们应关闭门窗。但人员的长时间活动，会使室内空气质量变差，影响身体健康。因此，我们可以采用空气交换和空气净化相结合的方式，例如利用新风系统进行空气交换，利用空气净化器进行空气净化，来实现室内空气的更新，同时避免室外 $PM_{2.5}$ 进入室内。

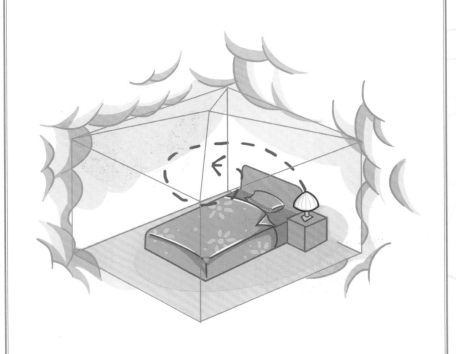

098 —— （三）末端治理

南方的"梅雨季""南返天"能用通风来实现除湿吗？

答：不能。用通风来实现除湿的前提是室外的湿度比室内的湿度低。当出现"梅雨季""南返天"时，室外的相对湿度较高，如果此时采用通风来实现除湿，反而会增大室内湿度。如果此时希望室内除湿，可以通过除湿机等设备来实现。

099 —— （三）末端治理

流感病毒在空气中能存活多久，如何传播？如果家中有人得了流感，其他成员如何避免被感染？

答： 流行性感冒简称流感，是由流感病毒引起的一种急性呼吸道传染病，传染性强，发病率高。病毒对温度具有一定的敏感性：在室温下，流感病毒很快会丧失传染性，56℃条件下30分钟即可消灭病毒；流感病毒在0～4℃时能存活数周，零下70℃以下或冻干后能长期存活。此外，病毒对日光、紫外线、乙醚、甲醛、乳酸等都很敏感，难以在这种空气环境中长期存活。不同的流感病毒在空气中存活时间长短不同，目前已知的甲型H1N1流感病毒在空气中的存活时间最长，约为2小时。

流感病毒的传染源主要是患者，其次为隐性感染者。流感病毒在空气中主要通过呼吸道传播，如感染者呼吸或打喷嚏所产生的飞沫。为了防止疾病传播，一旦发现家中有人患上流感，我们应当及时采取家庭隔离治疗，同时家庭中的其他成员则要及时佩戴口罩，与病人保持一定距离，减少肢体或皮肤接触。尤其是抵抗力较弱的孕妇、儿童以及老年人，要尽可能避免与流感患者密切接触。如果需要直接接触患者，或处理患者使用过的物品，应使用清洁剂或者消毒剂对双手进行清洗消毒。除此之外，可通过具有除菌功能的空气净化器净化空气环境，快速杀灭空气中的流感病毒。必要时，我们也可注射流感疫苗，提前预防。同时，要注意开窗通风，促进室内空气的流动，保持良好的室内空气质量。

第 六 章　特殊场所空气污染篇

看 | 不 | 见 | 的 | 室 | 内 | 空 | 气 | 污 | 染

100 ——（一）公共建筑

影响公共场所空气质量的因素有哪些？

答： 影响公共场所空气质量的因素是多方面的，总体可归纳为下列 4 类：

（1）室外空气

城市中所处地理位置不同的公共场所空气质量有很大差异，一般来说，工业区和中心区的大气污染较严重，空气质量较差。室外大气中含有汽车尾气、各种微生物，以及各种工业排放废气中的 SO_2、NO_x、CO_2、烟尘及可吸入颗粒物等，这些物质都有可能成为室内污染的来源，它们可以通过渗透和通风换气等途径进入公共建筑内部，造成室内污染。

（2）室内人员活动

人在室内活动时经由新陈代谢产生的 CO_2、水蒸气、人体气味及其吸烟、烹饪等活动都会影响公共建筑空气质量。其中，吸烟对室内空气质量的影响最大。这是因为香烟烟雾中含有上千种化合物，包括 CO、SO_2、NO_x 等无机气体以及多种 VOCs 如多环芳烃、杂环化合物等，其中不乏致癌物质。此外，使用各类防虫蛀剂、杀虫剂和清洁剂也会产生 VOCs。室内的微生物污染，包括带菌的人员可能带来的交叉感染，景观观赏植物及宠物产生的微生物过敏源。

（3）建筑结构及其表面装饰装修材料

为了建筑节能，现代建筑物的隔热性和密封性普遍较好，室内新风量不足，降低了空气的稀释能力。同时，室内装修会产生多种污染物，更加剧了室内的空气污染。公共建筑因使用的建筑材料不同，它们所产生的污染物也不尽相同。目前使用的建筑材料主要包括金属材料、非金属材料以及合成材料。一些建筑材料含有毒有害物质，据统计，各种装修装饰表面材料产生的气体污染物种类高达数百种。

（4）暖通空调系统的影响

现代公共场所一般都装配有暖通空调系统，如果这些设备设计和施工安装不合理，管理维护不及时或者室内新风量缺乏，都可能会诱发"病态建筑综合症"，具体表现在以下几个方面：

①气流组织布局和施工安装不合理

对暖通空调系统来说，气流组织布局和施工安装位置不合理，有可能导致气溶胶污染物在局部死角积聚，造成室内空气污染；另外安装时新风口位置选择不当，也会造成户外的大气污染物通过新风系统侵入室内。

②空调水系统的污染

中央空调通风系统的蒸发式冷凝器、蒸发式冷却器、加湿器、过滤器及水冷式空调系统的冷却塔，都可以成为军团菌等微生物滋长繁衍的地方。这些致病微生物会形成雾状气溶胶，然后被空调系统直接或间接地传播到室内，从而污染室内空气。

③新风量不足

现代建筑普遍密闭性较好，而一些空调并不具备换气功能，致使室内空气被反复地循环利用，造成空气质量下降。专业人员在空调的出风口检测到每立方米的空气中存在成千上万的细菌。专家指出，军团菌和真菌以及其他病菌是空调病、哮喘与其他过敏性或传染性疾病的重要诱因。

④管理维护不到位

暖通空调系统的换热器翅片、加湿装置、过滤装置以及风管内壁是灰尘的聚集地，细菌等微生物以尘埃粒子为载体，在空调系统中迅速繁衍滋长。因管理、维护不善，在空调通风系统中甚至会发现蟑螂、老鼠等动物的尸体，这也是导致细菌、真菌等微生物大量繁殖的另一个重要原因。因此，定期清洁维护暖通空调系统是非常必要的。

101 ——（一）公共建筑

公共场所典型空气污染物有哪些？

答： 公共场所是指人群经常聚集、供公众使用或服务于公众的活动场所，是人们生活中不可缺少的组成部分。

公共场所内空气污染主要来源于室内装修、室外污染和人类活动。归结起来主要有 6 类污染物质：

（1）甲醛及其他挥发性有机化合物：这类物质主要存在于各类板材、涂料、油漆、贴面材料、黏合剂、地毯等各类建筑的装饰装修材料中，不良装修常会引起公共建筑内甲醛及挥发有机物引起的污染。

（2）细颗粒物：室外的颗粒物质可以通过自然渗风、机械通风和人员进出进入室内。此外，公共建筑内的人员活动如吸烟、采暖、烹饪等均可能增加建筑内颗粒物的含量。

（3）燃烧副产物：燃烧副产物是在采暖和烹饪过程中由燃料的燃烧产生的，主要包括尼古丁、CO、CO_2、NO、NO_2、碳氢化合物以及各类空气悬浮微粒。

（4）微生物：公共建筑内的空调设备、地毯、抽水马桶、通风管道等常因进出交换的空气和建筑内人员的活动而被污染，是各类细菌、真菌、霉菌和尘螨的滋生地。

（5）CO_2：主要来源于人体呼吸和含碳物的充分燃烧。CO_2 虽然不属于有毒污染物，但是在通风不足时，建筑内尤其是地下建筑 CO_2 浓度积聚到很高的程度后就会对人体健康造成不良影响。

（6）氡及其短寿命子体：氡主要来源于地基、土壤、地下岩石以及建筑材料如大理石、水泥、粉煤灰砖等。人体长期暴露在氡下，会增加患癌机率。

102 ——（一）公共建筑

改善公共场所空气质量有哪些措施？

答： 改善公共场所空气质量的措施主要有三种，分别是控制污染源、改善通风设施和使用空气净化器。

（1）控制污染源

室内装修和添置家具时注意原材料选择，倡导使用绿色环保产品，避免使用有毒有害物质超标的不合格产品；采取有效的措施（如采用吸收剂、封闭剂）控制污染物释放；禁止在室内和公共场所吸烟；慎用清洁剂、杀虫剂和油漆等化学物质；控制室内湿度，从而减少霉菌和细菌的滋生；空调系统的通风管道和设备，应该定期用有效的净化处理技术进行清洗，以保持通风系统的清洁与通畅；及时对废旧物品和生活垃圾进行清理；使用清洁燃料等。

（2）改善通风设施

公共场所人员活动频繁，为保证室内有充足的新鲜空气循环，需要合理安装和使用抽排风设备以提高室内外空气交换量，如在室内加装换气扇、抽风机、油烟净化器和新风系统等。

（3）使用空气净化器

空气净化器按照处理技术的不同，大体可分为六类：过滤技术、负离子技术、低温等离子体技术、光催化净化技术、吸附技术和生物工程技术。具体采用哪种技术，可根据本书第 87 问来进行选择。

103 —— （一）公共建筑

公共场所的空气污染相关标准有哪些？

答： 国务院于 1987 年颁布了《公共场所卫生管理条例》，为了配合条例的实施，原卫生部于 1988 年又颁布了《公共场所卫生标准》。根据上述法规和标准的执行情况，1996 年，原卫生部组织对《公共场所卫生标准》进行修订，颁布了现行的 12 项公共场所卫生标准，如下表所示：

现行公共场所卫生标准

标准序号	国标号	名称
1	GB 9663—1996	旅店业卫生标准
2	GB 9664—1996	文化娱乐场所卫生标准
3	GB 9665—1996	公共浴室卫生标准
4	GB 9666—1996	理发店、美容店卫生标准
5	GB 9667—1996	游泳场所卫生标准
6	GB 9668—1996	体育场所卫生标准
7	GB 9669—1996	图书馆、博物馆、美术馆、展览馆卫生标准
8	GB 9670—1996	商场（店）、书店卫生标准
9	GB 9671—1996	医院候诊室卫生标准
10	GB 9672—1996	公共交通等候室卫生标准
11	GB 9673—1996	公共交通工具卫生标准
12	GB 16153—1996	饭馆（餐厅）卫生标准

公共场所集中空调系统的卫生管理方面有住房城乡建设部与卫生部联合编制的《空调通风系统运行管理规范》（GB 50365—2005）于

2006 年 3 月起正式执行。现在还有三个卫生部规范、一个建筑工业行业标准和一个检验方法：

《公共场所集中空调通风系统卫生规范》（WS 394—2012）

《公共场所集中空调通风系统卫生学评价规范》（WS/T 395—2012）

《公共场所集中空调通风系统清洗消毒规范》（WS/T 396—2012）

《通风空调系统清洗服务标准》（JG/T 400—2012）

《公共场所卫生检验方法》（GB/T 18204—2014）则规定了公共场所内空气的物理性、化学性、微生物污染、集中空调系统、公共场所用品的检测方法和要求。

104 —— （一）公共建筑

公共场所空气污染由谁来监管?

答: 目前,由各地卫生监督防疫部门负责对公共场所室内空气质量实施监管。此外,根据《大气污染防治法》第三十条的规定,任何企事业单位和其他生产经营者违反相关法律规定,向大气排放污染物,造成或可能造成严重大气污染,县级以上人民政府环保主管部门和其他负有大气环保监督管理职责的部门,均可对其有关设备设施和物品采取扣押、查封等行政强制措施。

105 —— （一）公共建筑

办公场所的装修是否越复杂越好，装修材料的种类是否越多越好？

答：都不是，办公场所装修得越复杂，说明所用的装修材料数量越多，在同一大小的空间里，装修材料越多，室内污染物的浓度也就越高。所以，在装修过程中应尽量减少装修材料种类。除了空气污染以外，在装修过程中还伴随着不同程度的光污染、噪声污染、饮水污染和排放污染，这些都会对人体的健康有着不利的影响。因此，大家在装修时应该秉承环保家装的理念，倡导科学、健康、适度的装修，切勿盲目地追求奢华装修，而忽视了室内空气环境污染的问题。

106 —— （一）公共建筑

建筑物综合症主要症状有哪些，引发的主要原因是什么？

　　答： 建筑物综合症即病态建筑物综合症（Sick Building Syndrome，简称 SBS），是指发生在建筑物中的在建筑物的运行和维持期间与它的最初设计或规定的运行程序不协调所产生的一种对人体健康不利的影响。国际通用主观调查表对其经常出现的不适症状进行了分析，列出了 12 种典型症状，可归纳为 5 类：

　　①对鼻、喉、眼睛的感官刺激，如干燥、嘶哑、刺痛感；

　　②对皮肤产生刺激，如发红、干燥、瘙痒、刺痛；

　　③对神经系统产生不良影响，如头痛、恶心、疲劳和记忆力减退；

　　④一些无明确过敏源的过敏反应，如经常流泪、流涕以及非哮喘者的哮喘症状；

　　⑤对气味和味道的感知能力减弱，例如对不悦的气味或味道以及对气味或味道改变的敏感度下降；

　　对于建筑物综合症的成因，尚未得出明确的结论，但是以下因素可能与建筑物综合症的产生紧密相关，它们可能是单独产生效应，也

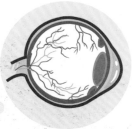

可能是和其他因素（温度、湿度等）共同作用产生效应：

①室外污染物。室内污染的一个主要来源是进入建筑物的室外空气。这些污染物由建筑物排污口（厨房和浴室）和交通工具发动机的排气装置排放进大气，之后又经由通风口、窗户和其他孔隙进入建筑物内部。

②室内污染物：A. 化学污染物，如清洁剂、黏合剂、复印机粉末等，它们会散发出挥发性有机化合物（VOCs），如甲烷。B. 生物污染物，主要包括细菌、霉菌和病毒。这些有害微生物在管道积水或排水池甚至含水的顶棚缝隙以及地毯中都能够大量滋生，严重影响室内环境。

③建筑物通风设计不合格。20 世纪 70 年代，由于石油的禁运，为了有效利用能源，减少能量耗散，建筑设计师们把建筑物设计得更为密闭，以减少室外空气的交换。有研究证明，在多数情况下，通风不畅会降低居住者的舒适程度，不利于居住者的身体健康。

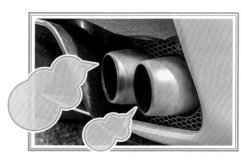

107 —— （一）公共建筑

目前餐饮业常用的油烟净化设备有哪些类型，对空气污染物的去除效果怎么样？

答： 根据去除机理和处理工艺的不同，目前餐饮业常用的油烟净化设备可以分为 5 类：

（1）**惯性分离类**

惯性分离类油烟机是一类在工业企业中经常见到的油烟净化设备，如工业上常用的惯性分离除雾设施，其工作原理是通过惯性碰撞使油烟的气流运动方向剧烈转变，在惯性力的作用下，油烟气体中的颗粒物到达沉积面并从气流中脱离出来。除了工业应用之外，在家用厨房抽油烟机中这类设备亦被广泛采用。惯性分离法具有设备简单、压降较小（50 ~ 100Pa）等优点，但是对于粒径较小的颗粒，这种方法的去除率较低。此外，由于油烟中颗粒物具有很大的黏度，在进行清洗维护时工作量很大。近年来，随着城市环保执法要求的不断提高，这一方法正在被逐渐摒弃。

（2）**普通过滤类**

普通过滤类油烟机是最常见的油烟净化设备，它的原理是使油烟气通过滤料，在滤料的碰撞、拦截和扩散作用下，油烟颗粒物被滤料捕集从而使烟气得到净化。滤料的选择是这种技术的关键，通常选用吸油性能较好的高分子复合材料。过滤法的优点是投资小、运行稳定、净化效率高，通常能够达到 80% 以上。然而，被捕集在滤料上的颗粒物黏度较高，很难通过常规的重力自流或挤压处理方法清洗干净，且滤料易被颗粒物堵塞，造成压降增大，过滤效果下降。比如，玻璃纤维过滤器占地面积大，只能安装在室外，其压降高达 1500Pa，需要定期对滤料进行更换，运行成本高。以上这些因素在很大程度上限制了过滤法的应用。

（3）**液体洗涤法**

液体洗涤法类油烟机是一类新型的油烟净化设备，油烟气通过特殊的气体分布装置与吸收液接触，使得油烟气中的颗粒物由气相转移到液相之中，从而实现净化油烟气的目的。根据气液接触方式的不同，可以将其划分为喷淋式、液膜式和冲击式三种。1999 年，林斌等研究人员开发出了一种集油烟捕集与净化功能为一体的水雾水膜净化器，这种设备需要定期更换循环水。当液气比例在 1∶500 ~ 1∶1000 之间时，其油烟气颗粒物的净化效率为 83% ~ 94%。

（4）**静电沉积类**

静电沉积类油烟机常被应用于餐饮企业，是近年来一种新兴的油烟净化设备，它将油烟引入高压电场中，在高压电场作用下，颗粒物表面会负载电荷，然后在电场力的作用下向集尘极运动并聚集，最终实现脱除颗粒物的目的。静电净化设备主要包括两个工作区域，前区安装放电极，称为电离区，主要负责油烟颗粒的荷电。后区安装除尘极，称为收尘区，主要负责荷电颗粒的捕集。静电净化设备的优点是净化效率高（90%）、占地面积小、压降较小，而且其噪声和能耗以及运行成本也相对较低。但是，对于气态污染物，静电净化设备的去除效率非常低。并且，由于集尘极上油烟冷凝物具有较高的黏度，清洗维护困难。此外，油烟冷凝物还容易形成油膜层，阻碍电场放电，从而导致油烟净化效率下降。

（5）**复合类**

复合类油烟机是将机械、湿式和静电等方法中的两种及以上集合在一起的一类油烟机。该类油烟机具有多种优点，从治理效果来看，复合类油烟机是今后发展的方向。

108 —— （一）公共建筑

公共场所使用地毯会造成空气污染吗？

　　答：目前常用的地毯大多是以化学纤维为原材料编织而成。用于编织地毯的化纤主要有聚酯纤维、聚丙烯纤维、聚丙烯腈纤维、聚丙烯酸胺纤维以及粘胶纤维等。在使用地毯时，由于选用和维护不当，可能会对室内空气质量造成不良影响：

　　（1）释放有害气体，滋生细菌。化纤地毯会向空气中释放甲醛等有机化学物质，威胁人体健康。同时，地毯能吸附许多有害物质，如甲醛、灰尘和病原微生物，特别是尘螨，纯毛地毯是其理想的滋生和隐蔽场所。

　　（2）地毯背衬材料是由丁苯胶乳等水溶性橡胶黏合而成的。这些黏合剂会挥发包含苯乙烯、酚类醛类、苯和苯系物在内的大量有机污染物，对周围空气质量会产生较为严重的不良影响。

　　（3）地毯引起过敏。地毯的细毛绒是一种过敏原，能够引起皮肤过敏；此外，地毯在使用过程中经过不断摩擦，细毛绒容易被磨断而形成细小毛绒飘浮在空气中，随着人的呼吸进入人体，引发过敏甚至哮喘。

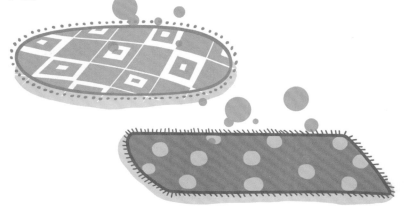

109 ——（一）公共建筑

商场装修完多久开始营业对人体健康损害较小？

答：新装修的商场不宜立即投入使用，也不应在其中开展员工培训这种使人长期逗留室内的活动。只有在经过室内空气检测部门检测并验收合格后，商场才能投入使用。有研究团队对广州市某商场装修前、装修完成时和装修后六个月的室内空气污染物浓度分别进行检测，并参考标准《民用建筑工程室内环境污染控制规范》（GB 50325—2010）和《室内空气质量标准》（GB/T 18883—2002）对检测结果进行了评价。评价结果显示，装修前该商场污染物浓度是符合国家卫生标准的，而装修刚完成时污染物浓度严重超标。这些污染物主要来自新增的装修建材，如壁纸、油漆、胶合板、泡沫填料等。因此，商场装修后，应加强通风，当空气中甲醛、苯和 TVOC 等污染物浓度达到卫生标准时再开始营业较好。

110 ——（一）公共建筑

公共场所安装空调的数量是否越多越好，空调温度、湿度调至多少较为合适？

答： 美国环保局等机构在美国和欧洲的调查结果表明：空调风管是滋生细菌的温床。这主要是因为大量粉尘留存在风管中，且通风系统提供了适宜一些细菌生长的温度和湿度条件。研究表明，在空调运行下的室内环境中，空气中的真菌浓度与空调风管中的相差较小，证实室内的真菌污染主要来自空调通风系统的风管中。因此，公共场所安装空调设备的数量不宜过多。

空调内有害微生物及其温、湿度生理学数据统计

类别	种类	生长温度 /℃	生长所需相对湿度 /%
细菌	军团菌	20 ~ 50	55 ~ 99
	芽孢杆菌	15 ~ 55	95 ~ 99
	大肠杆菌	10 ~ 45	93 ~ 99
真菌	金黄葡球菌	15 ~ 40	90 ~ 99
	青霉	8 ~ 35	81 ~ 99
	曲霉	5 ~ 40	80 ~ 99
	链格孢霉	5 ~ 45	70 ~ 99
	枝孢霉	5 ~ 45	70 ~ 99
	根霉	5 ~ 32	88 ~ 99
	木霉	5 ~ 45	70 ~ 99
病毒	SARS 病毒	15 ~ 37	55 ~ 95
	流感病毒	0 ~ 40	20 ~ 80

建议空调系统温度、湿度控制遵循以下原则：

（1）在进行新建项目的设计时，空调送风温度和湿度应尽量避开适宜细菌、真菌生长的温度、湿度范围。例如，在蒸气 - 热水采暖系统中，可以通过高风温、低风量运行来保证室内温度，之后再通过室内加湿器来控制湿度；

（2）日常使用中央空调的单位，在不影响空调工艺要求和人体舒适度的前提下，建议室温为 19 ~ 24℃，湿度为 40% ~ 50%。

（3）定期消毒杀菌。在一定周期内，可以让空调高温（远大于 30℃）和低温（远低于 20℃）交替运行一段时间，从而消杀空调风管内的有害微生物。

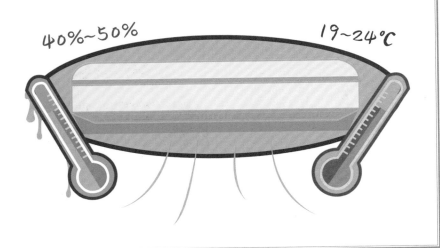

111 ——（一）公共建筑 ——

公共场所通风装置的位置和数量应该如何确定？

答： 公共建筑内通风装置位置和数量的确定应符合以下要求：

（1）公共建筑内机械通风系统进风口的位置，应符合以下要求：①进风口应设在室外空气较清洁的地点；②进风口高度应低于排风口；③进风口的下缘距室外地坪距离应大于 2m；当设在绿化地带时，这个距离应大于 1m；④应避免进风、排风短路。

（2）建筑物排风系统吸风口的位置，应符合以下规定：①房间上部区域用于排除余热、余湿和有害气体（含氢气时除外）的吸风口顶部至建筑物顶端应保持 0.4m 及以下的距离；②位于建筑物内上部区域的吸风口顶部至屋顶的距离应保持在 0.1m 及以下；③位于建筑物内下部区域的吸风口底部至地板的距离应保持在 0.3m 及以下；④针对建筑物内的死角处，必须设置导流设施，防止有危险爆炸性气体排出。

（3）需要通过计算来确定公共建筑内通风装置的数量。首先，要确定一个空间所需要的风量。此时，需要引入一个概念：换气次

数。假设一个房间的面积是 $100m^2$，高度是 $2.8m$, 这间房子的容积就是 $280m^3$。如果我们每小时送进去 $280m^3$ 的室外新鲜空气，同时排出 $280m^3$ 的室内污浊空气，这时我们就可以认为此房间的换气次数达到 1 次。要确定房间所需要的风量，有两种方法：第一种是按每人每小时需要的新风量计算，第二种就是按换气次数计算。

①如果按每人每小时需要的新风量计算，国家规定每人每小时所需新风量不应小于 $30m^3$，而人数是指经常在室内活动的人数。比如，一个家庭 4 口人，这个房间每小时所需要的新风量不应低于 $120m^3$。

②如果按换气次数计算，家庭住宅换气次数一般在 1 ~ 2 次 / 小时；公共场所由于人流量大，一般选择其换气次数为 3 ~ 5 次 / 小时。对于特殊行业，如医院的手术室、特护病房、实验室、工厂的车间等，要按照国家的相关规范要求，来确定所需要的新风量。最后，根据每个房间确定的风量及所选的通风装置规格，可以确定通风装置数量。

112 ——（一）公共建筑

家用空调的污染有哪些，该如何应对？

答：家用空调在使用过程中，由于长期循环通风，室内空气中粉尘颗粒物、各种有机物、油污易在空调室内机组的部件表面附着，从而成为各种微生物滋生、繁殖的场所。繁殖的病毒、细菌再通过空调的送风部件，在室内空气中以气溶胶的形式传播，人体接触或吸入后会引发呼吸道疾病、皮肤病等，导致空调综合症（空调病）的发生。

空调器内部构件的消毒与清洗。世界发达国家都有立法规定，空调每年必须进行定期清洗消毒，我国也制定了中央空调的污染控制标准和规范。而我国大多数家庭对空调器内散热片、过滤网等部位的清洗消毒不够重视。所以，我们建议空调在使用过程中应每两三个月清洗一次，这样能有效去除富集在空调散热片处的大量病原体，防控空调的隐形污染。在清洗空调时，除了清洗过滤网、外观件和外壳等重要位置的灰尘之外，还必须将防尘网后的轴流风扇、滚筒、蒸发器等部位进行清洗和消毒。

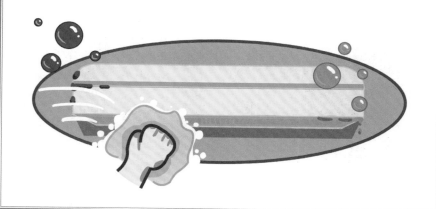

113 ——（一）公共建筑

中央空调通风系统中污染了军团菌病是怎么回事？

答：1976 年在美国费城一次军人聚会上，军团病首次爆发，221 人受到感染，其中死亡人数 34 人，死者中大多数是军人，因此将这个疾病被命名为军团病，也叫退伍军人症。研究者们从死者肺组织中分离出一种新的病原体，1978 年国际上正式将该病原体命名为嗜肺军团菌。目前，在世界范围内，除美国、西班牙、法国、英国、德国等 31 个国家外，澳大利亚、加拿大、日本、以色列等国也发现了军团病菌的存在。1982 年，我国在南京发现首例军团病病症，而近年关于军团菌病病例的报道也屡屡出现。

从已发现的军团菌引起感染、爆发的病例分析，中央空调系统能够诱发军团菌病的主要原因如下：首先，空调系统受到病菌污染；然后病菌形成气溶胶并经空调系统冷凝器的蒸发气体传播；最后，人体爆发嗜肺军团菌感染。因此，应避免或减少军团菌在中央空调等系统中的繁殖和传播。

114 —— （一）公共建筑

被污染的中央空调还可能与哪些流行病有关？

　　答：中央空调除了能引起军团病外，还可能与SARS、流行性感冒、过敏症（过敏性鼻炎、哮喘、过敏性肺泡炎等）、不良建筑综合症等流行病都有关系。

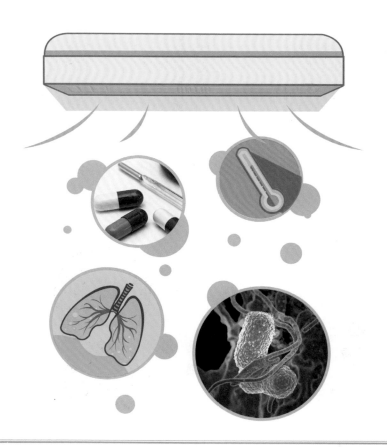

115 —— （一）公共建筑

绿色建筑能否带来更好的室内空气质量？

　　答：绿色建筑注重低耗、高效、环保、经济、集成与优化，旨在实现人与自然、当下与未来之间的利益共享，是一种可持续发展的绿色建设手段。绿色建筑保证了室内的合理布局，尽量避免使用合成材料，充分利用太阳能，为居住者创造一种亲近自然的感受。人、建筑和自然环境三者的协调发展是绿色建筑追求的目标，在充分结合天然条件和人工手段创造良好、健康居住环境的同时，绿色建筑尽可能地减少对自然环境的占用和破坏，充分体现了人与自然和谐共处的美好向往。因此，绿色建筑能够带来更好的室内空气质量。

116 ——（一）公共建筑

如何进行公共建筑室内空气质量设计？

答：根据工程建设行业标准《公共建筑室内空气质量设计标准（征求意见稿）》，公共建筑室内空气质量设计主要有以下规定：

（1）公共建筑室内空气质量设计方案应根据建筑物的用途与功能、使用要求、温湿度特点、环境空气情况、建筑围护结构特征、能源状况等，结合国家有关安全、环保、节能、卫生等政策、方针，通过经济技术比较来确定。同时，应将新工艺、新技术、新设备、新材料应用于设计方案中。

（2）在公共建筑室内空气质量设计中，对有可能造成人体伤害的设备等应采取安全防护措施。

（3）在公共建筑室内空气质量设计中，应为设备的安装、操作和维修预留空间。对于大型设备，应保证运输和吊装的条件或者设置起吊设施和运输通道。

（4）公共建筑室内空气质量设计应充分考虑施工、调试、验收及运营等不同阶段的设计要求，当有特殊要求时，需要在设计文件中加以说明。

（5）设计应实现可接受室内空气质量，且室内空气应无毒、无害、无异味。

室内空气质量设计流程如下：

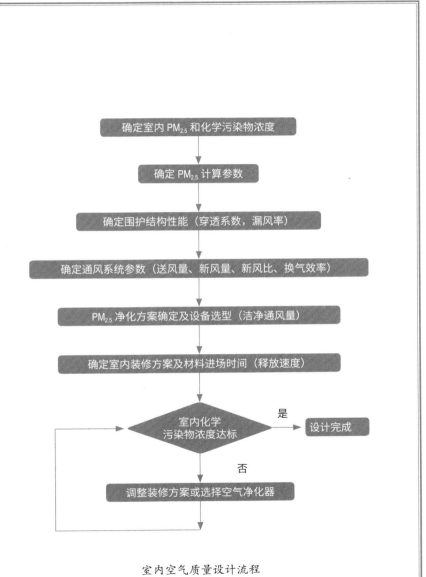

室内空气质量设计流程

117 —— （一）公共建筑

教室内空气质量易出现什么问题？

答：教室内人员密度大、桌椅等设备多，因此更容易出现空气质量问题，主要包括以下几个方面：

（1）由于人员密度大和通风量不足，教室空气中的 CO_2 浓度容易超标。

（2）学校教室的颗粒物污染较为严重，尤其是使用传统板书较多的教室，悬浮颗粒物污染较为严重。

（3）教室室内装饰材料主要为胶合板、刨花板、纤维板等人造板，油漆、涂料等各类墙面材料，以及桌椅等木制品，导致教室空气中甲醛等挥发性有机物更容易超标。

（4）教室中使用的学习用具，如涂改液和复印纸等，容易造成苯系物及其他挥发性有机污染物污染。

118 ——（一）公共建筑

教室内的主要空气污染物有哪些？

答：近年来，各地教室空气污染物超标现象屡见不鲜，并有逐渐加强的趋势，造成教室空气质量下降的污染物主要包括：可吸入颗粒物（PM_{10}、$PM_{2.5}$）、CO_2、总挥发性有机物（TVOC）、微生物等。

（1）可吸入颗粒物超标。教室中的可吸入颗粒物来源于室内粉笔的使用、打扫卫生及室外含尘气体的进入，可吸入颗粒物不易沉降，其中 $PM_{2.5}$ 颗粒能通过呼吸道直接进入人体肺泡，易造成哮喘等呼吸道疾病，而附着在其表面的有害物质会随之进入血液，使血管发生病变。

（2）CO_2 污染。CO_2 浓度是室内空气质量的敏感指标，CO_2 虽然不属于有毒污染物，但是在新风不足时，人员呼吸会引起室内 CO_2 的累积，CO_2 过高会引起酸中毒以及低氧血症。有实测发现，中小学 60 分钟的课堂时间，CO_2 浓度可超标 1 倍，直接影响室内人员的舒适性和学习效率。

（3）苯系物超标。苯系物主要来源于装饰装修材料，在新建、翻修教室中容易累积，但随着装修时间的增长、通风量的增多，苯系物的含量会有所降低，苯系物累积易造成过敏性湿疹、再生障碍性贫血等多种疾病。

（4）TVOC 超标。建筑材料、室内装饰装修材料、生活和办公用品是教室内 VOCs 的主要来源，长期处于 TVOC 超标环境下，可能会引起机体免疫失调，对中枢神经系统和消化系统造成严重损害。

（5）微生物超标。教室中的微生物多来自室外，通过人体携带而进入室内，在密闭空间内容易形成交叉感染，易引发哮喘、干咳、肺炎等上呼吸道疾病。研究表明，真菌易附着在粒径较小的颗粒物表面，颗粒物为真菌繁殖提供了它生长需要的碳、铁、氮等元素，因此，真菌浓度与颗粒物质量浓度直接相关。

119 —— （一）公共建筑

雾霾天时教室内的空气质量应如何控制？

答：雾霾天气条件下，开窗通风换气会使室外雾霾直接进入室内，这样降低通风换气与保证室内氧气充足会成为一对矛盾。因此，需要通过空气净化措施才能保证室内空气质量。根据净化空气的来源，净化措施分为控制自然通风、改善入室空气措施和净化室内空气措施。控制自然通风改善、入室空气措施是指在机械送排风、热压通风的过程中，对进入室内的空气加装空气净化装置，从而改善入室空气质量，常见新风系统按照送、排风方式分为简易新风系统、户式双向流新风系统、集中单向流新风系统、集中双向流新风系统等形式。净化室内空气措施是指针对室内空气进行净化，达到改善空气质量的目的，常见室内环境治理产品包括净化材料和空气净化器两大类。

目前，室内环境治理产品的发展速度非常快，已开发出来的产品种类繁多，市场占有率大，随着《空气净化器》新的国家标准于2016年3月1日正式实施，各大净化产品商也开始针对新国标进行研发。相较于室内环境治理产品，目前新风系统主要存在气流组织、通风方式等问题，为了弥补这些缺陷，近年来又有独立新风系统、低温送风空调、蒸发冷却等新兴技术发展起来。纵观新风系统技术现状和发展趋势特点以及我国现有室内污染特征，今后一段时期，具有节能高效的特点，并同时具备去除超细颗粒物等多功能的室内新风系统，将是新风系统技术的发展方向。

120 ——（二）其他特殊场所

飞机客舱内的主要空气污染物有哪些？

答：飞机客舱环境的空间相对密闭狭小，人员比较密集，且环境空气参数变化不定，时常会经历长航线跨时区飞行，是一种特殊的公共场所。飞机客舱内的主要空气污染物有臭氧、二氧化碳、可吸入颗粒物、挥发性有机化合物和致病性微生物等，其中挥发性有机物包括甲醛、乙醛、甲苯、二氯甲烷、丙酮、丁酮等多种物质。

飞机客舱内的污染物主要来源于发动机润滑油缝隙泄漏、飞机维修用清洗剂、烤箱用清洗剂、飞机电器故障，乘客呼吸、携带物品所散发的气态物质等。污染物的增加会造成旅客舒适度降低，有可能引起头痛、头晕、恶心、鼻干、鼻塞、眼睛干涩和发痒等症状。

121 —— （二）其他特殊场所

地铁内的主要空气污染物有哪些?

答：地铁，是具有人群密集、流动性强、涉及面广和影响范围大等特点的特殊公共场所。地铁内的空气污染物主要包括细菌、氨、CO_2、$PM_{2.5}$、PM_{10} 等。细菌主要来源于地铁内的通风净化设备。地铁内的细菌总数与通风口的洁净程度以及通风设备的运行状况有着密切关系，细菌总数超标易引起传染性疾病。氨的主要来源为呼吸与人体汗液的排放，进入人体肺部易刺激黏膜，产生炎症。可吸入颗粒物多产生于新建线路的建设施工与运行过程中，同时，颗粒物受列车运行产生的活塞风的影响，可通过通风系统进入地铁内。CO_2 来源于人体呼吸代谢，CO_2 过量会使人感到气闷、头晕、心悸。

122 —— （二）其他特殊场所

火车内的主要空气污染物有哪些?

答: 火车车厢属于密闭式公共场所,具有人群密集和流动性大的特点。车厢内主要空气污染物有 CO、CO_2、甲醛、挥发性有机物、可吸入颗粒物、细菌、真菌等。CO_2 主要来源于乘客的呼吸,与乘客数量和活动量直接相关。新风不足时,CO_2 浓度易超标,引起乘客舒适度下降。车厢内可吸入颗粒物主要来源于以下两种途径:一是来源于车厢内部,包括附着在乘客身上和其携带的行李物品上的颗粒物、打扫卫生等活动引起的 $PM_{2.5}$ 浓度增加;二是来源于外部,大气中的颗粒物以及因列车运行卷起的颗粒物通过列车空调系统进入车厢。车内甲醛主要来源于装饰材料。生物性污染来源于乘客自身、空调系统的高湿度构件以及卫生间。

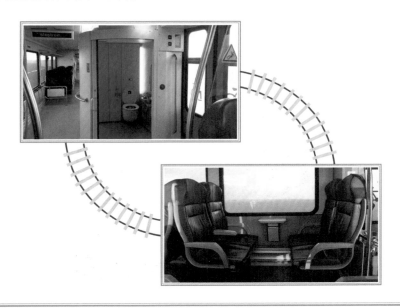

123 —— （二）其他特殊场所

汽车内的主要空气污染物有哪些？

答：公共汽车内空气污染物包括可吸入颗粒物、霉菌、细菌、总挥发有机物、甲苯、二甲苯、苯乙烯、CO、CO_2、人体异味等。车内空气污染成因如下：

（1）汽车内置装饰材料和汽车内零部件释放的有害物质，包括汽车中的塑料制品、织物、油漆类材料、黏合剂等材料中含有的挥发性有机溶剂和添加剂等，易产生异味。

（2）外界环境的污染物。很多情况下，由于汽车密封性能不合格，外界污染物进入车内，造成车内空气污染。这些污染物主要有SO_2、CO、NO_x、颗粒物和碳氢化合物等。在交通堵塞的情况下，此类车内污染尤为明显。

（3）汽车自身排放的污染物通过排气管、曲轴箱、燃油蒸发等途径进入车内；同时汽车空调长期使用后，风道内积累的污染物对车内空气也会造成污染。汽车自身排放的污染物主要有碳氢化合物、CO、NO_x、微生物、苯等。

（4）车内环境拥挤，人流量大，室温高，容易产生异味，且CO_2浓度高，使得空气质量不佳，对人体造成不良影响。

124 ——（二）其他特殊场所

潜艇内的主要空气污染物有哪些?

答: 潜艇舱室属于密闭空间且人员密集,设备设施各异,人的新陈代谢和各类活动,以及材料释放的大气污染物使潜艇舱内空气成分复杂,主要的空气污染源与污染物有:

（1）非金属材料。潜艇中使用的非金属材料品种多,数量大,包括制冷剂、灭火剂、油类、黏合剂、橡胶制品、塑料制品、涂料等。这些非金属材料释放烯烃、芳香烃、醇、醛、酮、苯、二甲苯、苯酚、CCl_4、CO 等。

（2）人体代谢。人体的新陈代谢会产生上百种有害物质,有CO_2、CO、NH_3、H_2S、有机酸、含氮化合物。其中产生量最大的是CO_2。

（3）食品烹饪。烹饪食品时会加入各种物质,这些物质通过受热分解并挥发,产生醇、醛、有机酸、丙烯醛等物质,对人体造成危害。

（4）武器装备及仪器设备。舰艇中有大量武器装备和仪器设备,在使用过程中也会产生一些有害物质,如 CO、CO_2、SO_2、NO_x、H_2S以及醇、醛、酮、酯等。

125 —— （二）其他特殊场所

地下交通隧道的主要空气污染的特点？

答：地下交通隧道的特点是无门窗缝隙，阴暗，无阳光直射，湿度较大，寒气重，温度波动小且一般低于地上温度。隧道壁面易结露发霉，滋生霉菌，隧道内的空气受发霉壁面的影响含有大量霉菌。霉菌进入人体后，易引发霉菌性肠炎、霉菌性气管炎等霉菌性疾病。另外，由于长期无阳光直射，一些喜阴生物（或微生物）会在隧道内繁殖，为各类病菌的繁殖创造有力的条件。对于有汽车穿梭的交通隧道，汽车所排放的尾气也会对隧道空气产生污染，并且由于其空间的封闭性，尾气更加难以排出。

126 —— （二）其他特殊场所

汽车空调系统可能会产生什么危害，使用时应注意什么？

答：汽车空调是车内空气与车外空气交换的重要系统，空调系统运行后，空气会在鼓风系统、暖风系统和风道中流动。长此以往，尘埃、水分、细菌及其他污垢物会在上述装置的表面大量累积。这些污染物会对空调系统本身的制冷设备造成影响，堵塞风机，同时进入车内的污染物会对驾乘人员的健康造成影响，诱发呼吸疾病，造成过敏反应。

大部分车内空调系统都有内循环和外循环，一般内循环没有进气过滤装置，外循环则有过滤器。因此，长时间使用空调时，应适当使用外循环。车内空调需要定期清理与去污，以保证车内通风的清洁，方法包括：更换灰尘滤清器，保证进风通畅；用专门清理风道的清洗剂，去除风道粉尘颗粒物、细菌和异味；污染较重的汽车需要到修理厂把整个风箱拆下来进行清理。

127 ——（二）其他特殊场所

汽车内空气污染治理方法有哪些？

答： 公共汽车内空气污染治理方法目前主要有以下几种：

（1）自然通风

当大气空气质量较好时，公共汽车应在行驶途中适当通风，在终点停靠时应打开车门车窗进行彻底通风，以保证车内空气流通更新，提高车内空气质量。

（2）新风系统

新风系统由新风机和管道配件组成，通过新风机对车外空气进行净化，再将其导入车内，最后通过管道将车内空气排出，从而更新车内空气，保护人体健康。目前，在我国山东青岛市已经有使用了新风系统的环保型公共汽车。

（3）车内装饰材料专业清洗

车内装饰材料品种多，电器及部件复杂。在日常保洁时，应经常对仪表台、方向盘、安全带、空调风口、座椅、车门内侧、扶手箱、地毯、地胶或地板绒面、后备箱等部位用柔软的湿布擦洗和清洗，用吸尘器对车内地毯、脚垫、地胶或地板绒面及后备箱等部位进行吸尘和保洁。采用专业去污剂、消毒剂、除菌剂等进行材料表面清洗，去除油污、污垢、

尘土、食物残渣。在清洗各种开关按钮和音响电路部分时，应避免使用腐蚀性、碱性强的洗涤剂，以免腐蚀车内电器。应减少使用各种上光剂、柔软剂、表板蜡等以化学材料合成的制剂，避免使用香水来掩饰车内空气中的异味、臭味。

（4）光催化喷涂液去除法

光催化是利用纳米光催化剂在紫外光的催化作用下将污染物分解，可通过在车体内部装饰材料表面喷涂光催化溶液实现污染物的去除，同时该法可实现抗菌、杀菌、除臭等特殊功能。

（5）车内负离子空气净化装置

车内负离子空气净化装置可以产生臭氧负离子来净化空气，利用低浓度的臭氧不仅可以杀灭细菌、病毒，还能清除异味。

（6）车内生态酶空气净化过滤器及净化装置

利用生态酶空气材料制作的空气过滤器不但可以净化空气中的粉尘颗粒物，同时还可以净化空气中有机和无机污染物，发挥杀菌、除臭等特殊功能。特别是在车内通风装置的回路过滤网上，加装生态酶空气净化过滤器是一个简便而实用的净化方法。

128 ——（二）其他特殊场所

如何保证医院室内空气环境的质量？

答：医院室内的空气中浮游致病细菌，种类多、浓度高，很容易产生交叉感染。医院每天要面对各种各样的患者，从医学角度看，医院可被视作病原体的聚散中心。不仅病人本身，还包括医护人员以及陪护家属，都有可能被传染或携带病菌，成为病菌的传播者。因此，为了病人、医护人员以及其他相关人员的健康，必须保证医院的空气环境质量。

医院室内与其他室内环境类似，也有颗粒物、化学污染物的污染〔注：医院中普遍用甲醛（福尔马林）作为消毒剂，因此甲醛不列入医院环境中的污染物〕，但是存在于医院室内对人体危害最大的是空气中的微生物污染。因此要综合采用前述的源头控制、新风系统和空气净化器等方法，并且要加强其中的控制空气微生物的消毒灭菌功能。

不同病房的空气含菌量（cfu/m³）

病房	含菌浓度
呼吸科	6361
小儿外科	5324
普通外科	5036
骨科	4628
消化科	4244

提示：可参看这些规范，对医院室内空气进行评价：《医院空气净化管理规范》《医院感染性疾病科室内空气卫生质量要求》《医院洁净手术部污染控制规范》《医疗机构消毒技术规范》《医院感染检测规范》等。

参考文献

[1] 匡中付，方正.某装配试验车间分层空调系统的节能设计[J].中华民居（下旬刊），2013（6）：51.

[2] 陆大江，沈逸蕾.健身房运动环境的研究与分析[J].体育与科学，2012，33(3)：9-17.

[3] 马菲.如果爱，请深爱[J].机电信息，2011（19）：87-88.

[4] 金磊.用安康设计营造住区"安全小气候"——SARS给城市建筑的技术及法规思考[J].中国勘察设计，2003（7）：36-40.

[5] 庄晓虹.室内空气污染分析及典型污染物的释放规律研究[D].东北大学，2010.

[6] 刘艳霞.家居装修过程中的化学污染问题[J].广州化工，2012，40（10）：47-48.

[7] 龚宝良，郑建雄.怎样选择环保建材？[J].建筑工人，2007（4）：39.

[8] 金生威.室内环境污染分析及控制措施探讨[J].绿色科技，2011（12）：162-163.

[9] 宋夫交.胺修饰钛基材料的合成，表征及其CO_2吸附性能的研究[D].南京理工大学，2013.

[10] 蔡有茹.木材工业环境污染危害及其防护措施[J].绿色科技，2013（12）：188-190.

[11] 首届厨房环境与人体健康研讨会在京召开[J].现代家电，2011（01）：74.

[12] 戴自祝.室内空气质量与通风空调[J].中国卫生工程学，2002，1（1）：54-56.

[13] 郭江文.浅谈多联机空调设备设计安装施工中的问题及对策[J].门窗，2017（6）：107.

[14] 文远高，郑重.公共建筑室内空气污染及其控制[J].工业安全与环保，2004（03）：23-26.

参考文献

[15] 吴吉祥，张宏耀. JZF 型中央空调静电光催化复合式净化消毒装置的研制［A］. 中国环境保护产业协会电除尘委员会. 第十二届中国电除尘学术会议论文集，2007：5.

[16] 黄玉凯. 室内空气污染的来源、危害及控制[J]. 现代科学仪器，2002（04）：39-40.

[17] 李雪娇，韦保仁. 装修材料的生命周期评价研究进展［J］. 中国建材科技，2011，20（02）：63-67.

[18] 张秀东，刘有智，樊光友等. 餐饮业油烟净化技术探讨［J］. 天津化工，2009，23（04）：8-10.

[19] 蒋琴琴，冯文如，刘世强等. 广州市某商场装修前后有机物污染状况调查［J］. 环境卫生学杂志，2012，2（04）：156-159.

[20] 钟立青，孙浩益，姚青青. 集中空调系统温度和湿度对微生物的影响［J］. 建筑热能通风空调，2017，36（11）：28-30+36.

[21] 肖登峰，招为国，刘俊. 武汉天河机场某航站楼和某局机关大楼中央空调军团菌检测研究［J］. 口岸卫生控制，2012，17（02）：27-29.

[22] 路凤，金银龙，程义斌. 军团菌病的流行概况[J]. 国外医学（卫生学分册），2008（02）：78-83.

[23] 程宏柱. 基于绿色建筑设计理论的建筑物立面设计探析［J］. 江西建材，2016（22）：11+15.

[24] 邱兵，白国银，李丽丽等. 民用飞机客舱空气质量标准限值及检测方法的比较［J］. 环境卫生学杂志，2013，3（06）：515-518+523.

[25] 张建平，李岩. 地铁列车客室空气污染因子分析［J］. 城市轨道交通研究，2017，20（09）：51-53+57.

[26] 王少华，方泽萍，郭强等. 兰新高铁客车内环境空气质量综合评价［J］. 工业卫生与职业病，2018，44（01）：50-53.

[27] 杨超. 汽车车内空气质量标准法规现状［J］. 客车技术与研究，2010，32（01）：48-51.

[28] 刘跃旭. 低温等离子体净化船舶舱室空气进展［J］. 广东化工，2013，40（17）：104-105.

[29] 刘永旭. 汽车空调的正确使用和维护保养［J］. 科技信息（科学教研），2008（21）：423+444.